國家社科基金重大委托項目"《子海》整理與研究"成果

山東省社科規劃重大委托項目成果

子海精華編

主編 王承略　副主編 聶濟冬

汝南圃史

（明）周文華 撰　　趙廣升 點校

鳳凰出版社

圖書在版編目（ＣＩＰ）數據

汝南圃史 / （明）周文華著 ； 趙廣升點校. -- 南京：
鳳凰出版社， 2017.10
（子海精華編 / 王承略主編）
ISBN 978-7-5506-2677-5

Ⅰ. ①汝… Ⅱ. ①周… ②趙… Ⅲ. ①農學－中國－
明代 Ⅳ. ①S-092.48

中國版本圖書館CIP數據核字(2017)第245777號

書　　　　名	汝南圃史
著　　　　者	(明)周文華　著　趙廣升　點校
責 任 編 輯	王清溪
出 版 發 行	鳳凰出版社(原江蘇古籍出版社)
	發行部電話025-83223462
出版社地址	南京市中央路165號,郵編:210009
出版社網址	http://www.fhcbs.com
照　　　排	江蘇鳳凰製版有限公司
印　　　刷	南通印刷總廠有限公司
	南通市通州經濟開發區朝霞路180號,郵編:226300
開　　　本	890×1240毫米　1/32
印　　　張	6.5
字　　　數	135千字
版　　　次	2017年10月第1版　2017年10月第1次印刷
標 準 書 號	ISBN 978-7-5506-2677-5
定　　　價	42.00圓
	(本書凡印裝錯誤可向承印廠調換,電話:0513-80237871)

國家社科基金重大委托項目"《子海》整理與研究"成果之一

《子海精華編》

工作委員會

主　　任：樊麗明　孫守剛

副 主 任：李建軍　胡金焱　張建康　周　斌

委　　員（按姓氏筆畫排列）：

王　飛　王君松　王學典　方　輝　巴金文　邢占軍

杜　福　李平生　李劍峰　佘江濤　孫鳳收　陳宏偉

劉丕平　劉洪渭

編纂委員會

學術顧問：安平秋　周勛初　葉國良　林慶彰　池田知久

總 編 纂：鄭傑文（首席專家）　王培源

副總編纂：王承略　劉心明

委　　員（按姓氏筆畫排列）：

王　瑋　王　震　王小婷　王國良　李　梅　李士彪

李玉清　何　永　宋開玉　苗　菁　林日波　郝潤華

姜　濤　姜小青　馬慶洲　秦躍宇　高海安　陳元峰

黃懷信　張　兵　張曉生　單承彬　蔡先金　漆永祥

鄧駿捷　蘭　翠　竇秀豔

審稿專家：周立昇　鄭慶篤　王洲明　吳慶峰　林開甲　張崇琛

唐子恒　徐有富　晁岳佩

執行主編：王承略　聶濟冬

《子海精華編》出版説明

"子海"，即"子書淵海"的簡稱。"《子海》整理與研究"課題係國家社科基金重大委托項目、山東省社科規劃重大委托項目。該課題分《珍本編》、《精華編》、《研究編》、《翻譯編》四個版塊，力圖把子部珍稀文獻、精華文獻進行深層次的整理、研究和譯介，挖掘子部文獻的價值，促進子學研究的發展。

山東大學向來以文史見長。古籍整理與子學研究，是其中的傳統研究方向。"《子海》整理與研究"，是在山東大學前輩學者高亨先生積 30 年之力陸續做成的《先秦諸子研究文獻目録》的基礎上，由已故著名古籍整理與研究專家董治安先生參與策劃、設計的大型綜合研究課題。課題立項後，得到了中宣部、教育部、財政部、山東省政府和山東大學的大力支持，學界同仁踴躍參與。《精華編》的整理研究團隊近 200人，來自海内外 48 所高校和研究機構。在組織管理上，《精華編》努力探索傳統文化研究協同創新的新體制、新機制，現已呈現出活力和實效。

華夏文明是由多元文化構築而成的。中國古代子部典籍，以歷代士人個性化作品的形式，系統性地展示了華夏民族的世界觀和方法論，立體性地反映了中華民族對世界文明發展的貢獻。其中，無論是宏篇大論，還是叢殘小語，都激蕩著歷史的聲音，閃爍著智慧的光芒，構成中國古代思想、藝術、科技和生活方式的主體内容。《精華編》通過對子部最优秀的典籍的整理，一方面擷英取粹，爲華夏文明的傳播提供可靠的資源和文本；另一方面以古鑒今，爲當下社會的發展提供智力支持和精神支撐。并希望進而梳理中華傳統文化的多元結構，繼承中華優秀傳統文化的一貫文脈。

根據漢代以後子學發展和子部典籍的實際情況，參照官私目錄的分類與著錄，《精華編》選取先秦諸子、儒學、兵家、法家、農家、醫家、曆算、術數、藝術、雜家、小説家、譜録、釋道、類書等十四個類目的要籍幾百種，編爲目録，作爲整理的依據，而在成果展現上則不出現具體的類目。爲統一體例，便於工作，《精華編》編有詳細的《整理細則》，并有簡明的《整理要則》，供整理者遵循使用。

《精華編》整理原則是，對每種子書的整理，突出學術性、資料性和創新性，力求吸納已有的整理成果，推出更具參考價值、更方便閲讀的整理文本。所採用的整理方式，大體有三種：一、部頭較大且前人未曾整理者，採用標點、校勘的方式整理；二、前人曾經標點、校勘者，或採用抽換更好或別具學術特色底本的方式整理，或採用集校、集注的方式整理，或採用校箋、疏證的方式整理，或綜合使用以上方式；三、前人已有較好的注本者，則採用集注、彙評、補正等方式整理。

《精華編》採用五次校審、遞進推動的管理程式，即：一、初校全稿。子海編纂中心組織碩、博研究生，修改文稿錯別字，規範異體字，調整格式，發現并標明校點中的不妥之處。二、初審文稿。子海編纂中心的編纂人員根據情況，解決初校時發現的問題，并判斷書稿的整體質量。三、匿名評審。

聘請資深教授通審全稿，全面進行學術把關，消滅硬傷，寫出審稿意見。四、修改文稿。子海編纂中心及時把專家審稿意見反饋給整理者。整理者根據審稿意見修改，做出新文稿。五、終審文稿。待新文稿返回子海編纂中心後，總編纂作最後的學術質量把關。五步程序完成後，將文稿交付出版社。

　　五次校審的目的是爲了保證學術質量，提高整理水平，減少錯訛硬傷。但校書如掃塵埃落葉，隨掃隨有，《精華編》雖經多道程序嚴加把關，仍難免有錯，懇請方家不吝指教。子海編纂中心將及時總結經驗，吸取教訓，把工作做得更好，以實現課題設計的初衷。

目 録^①

① 原書前有簡目，每卷之前有細目，今合并二目，移之於前。

整理説明

　　周文華,字含章,吴郡(今蘇州)人,生卒年不詳。據其
《〈汝南圃史〉自序》落款時間爲"萬曆庚申",推知周文華大約
生活於嘉靖、隆慶、萬曆間。另據万曆四十八年(1620)的《汝
南周氏宗譜》收録《東吴大都督周公瑾瑜之五十八代裔孫周
文華祭拜歷代先祖考妣老大孺人》和《汝南伯道國公敦頤之
二十九代裔孫周文華祭拜歷代先祖考妣老大孺人》兩篇祭
文,可知周文華係汝南安城周氏後裔。文華生平事迹亦不
詳。從其《〈汝南圃史〉自序》可知,文華早年曾在蘇州過着隱
逸閒適的田園生活,後來"染指雞肋",先後在北京、洛陽做
官。陳元素《周光禄〈圃史〉序》稱周文華爲"光禄君",不知文
華在光禄寺任何職。明代多以光禄大夫爲加官或褒贈之官,
則"光禄"爲褒贈亦未可知。

　　周文華著有《汝南圃史》一書。文華《〈汝南圃史〉自序》
告訴我們以下三點信息:其一,《汝南圃史》十二卷,乃在周允
齋《花史》十卷的基礎上增補而成;其二,周允齋《花史》十卷,
顧名思義,收録範圍僅爲花卉,而周文華在此基礎上增補了
竹木蔬藜菜莪之屬,並易名爲《圃史》;其三,該書作者爲周文
華父子二人。除了撰述《汝南圃史》之外,周文華還曾有過刻
書活動。據杜信孚、杜同書編《全明分省分縣刻書考·江蘇

省卷》載:"《吳狀元苟進集》三卷,明吳伯宗著,明吳兆璧輯,明萬曆二十五年(1597)江蘇省金陵書林周文華刊本。"

《汝南圃史》是一部記述花卉果木蔬菜瓜豆種植的農書。全書十二卷。卷一爲《月令》,分《栽植》、《占候》兩篇。《栽植》篇按月詳細安排十二個月的園藝活動,全面展現了明代園藝栽培技術的精細化和成熟化。《占候》篇,先總說,錄農諺十六條;次按十二月先後順序,每月又按日序先後記載占候、農諺一百二十三條。作爲專講園藝的農書,《汝南圃史》大量引入農諺,算是一個創新。卷二爲《栽種十二法》,依次介紹了下種、分栽、扦插、接換、壓條、過貼、移植、整頓、澆灌、培壅、摘實、收種十二項栽培管理方法,共六十九條。其中除了保留《允齋花譜》二十一條而外,輯錄《瑣碎錄》、《灌園史》、《稼圃奇書》、《癸辛雜識》、《農桑輯要》、《王氏日抄》共三十一條,其餘十七條爲文華所撰。文華輯錄加上自己總結之數共四十八條,是《允齋花譜》原書的二倍有餘,文華對《允齋花史》增補之功,於此可見一斑。刻於康熙二十七年(1688)的陳淏子《花鏡》,卷一《栽花月曆》依次列出分栽、移植、扦插、接換、壓條、下種、收種、澆灌、培壅、整頓十目,比文華《汝南圃史》栽種十二法少摘實、收種二法,其餘名稱完全一致,只是排列順序不一致,其取資於《汝南圃史》亦可見一斑。其次,從排序上看,《汝南圃史》自下種始,至收種終,較之《花鏡》,層次井然,一依栽培活動的順序,更爲科學合理。以上兩卷,可算是全書的總叙。

卷三至十二,收錄花果部八種,木果部十七種,水果部七種,木本花部二十八種,條刺花部九種,草本花部四十種,竹木部十二種,草部九種,蔬菜部二十七種,瓜豆部十五種,共計一百七十二種。就收録植物的種類數量來説,《汝南圃史》所收並不算多。故《四庫全書總目》説:"大抵就江南所有言之,故河北蘋婆、嶺表荔支之屬亦不著録。"這個説法大致是中肯的。至於蘋婆,《汝南圃史》亦有著録,只是附於柰之下,文字亦簡略,這與蘋婆作爲北方主要水果的地位是不相稱的。至於没有收録荔枝,確乎是《汝南圃史》的不足。宋代蔡襄的《荔枝譜》反映了福建栽培種植荔枝的普遍現實,於果類中竟未收録荔枝,也是令今人有"稍恨全集未賅"的遺憾的。

《汝南圃史》中植物分類有鮮明的特色,是比較科學的。《汝南圃史》在傳統的花、果、木、草、蔬五部分類的基礎上,將花部分爲木本花、條刺花和草本花三部,將果部分爲木果、水果之外,又取花果兼勝者,增花果一部,加上竹木、草、蔬菜、瓜豆四部,共爲十部。這種分部,在園藝類專書中是獨特的,是比較細致合理的,體現了周文華對植物分類學的獨特認識。《四庫全書總目》對《汝南圃史》的分類多有批評:"惟分部多有未確,如西瓜不入瓜豆而入水果,枸杞不入條刺而入蔬菜,皆非其類。"把西瓜和荷、芰、芡、荸薺等水生之果並列,入水果一部,確有未當。至於枸杞,無刺,不以花勝,故不入條刺花部,因其莖葉可食,故入蔬菜部。所以,"分部多有未確"之語,是有失偏頗的。

自卷三至卷十二,爲分述,其内容體例如下:每卷列部、種目録於前。各篇先以植物名稱標目,大多一種一目。其次,釋名與辨名。篇首列植物名稱,並釋得名緣由,對於名稱淆亂者,則注意辨析訂正。其次,描述植物的形態特徵及生長習性、産地、品種、花期、果期。在描述形態特徵時,往往引用詩賦。其次,記載食用之法。其次,記藥用、器用及觀賞。

最後，記述種植栽培技術。《汝南圃史》注重訂正名稱，糾正混淆，注意學術性；也引用詩文和典故，注意可讀性；在栽培技術的整理上用力尤勤，在前人種植經驗的基礎上，進行了總結和提高，而非輾轉抄襲，故而沒有受到王象晋《群芳譜》"略於種植而詳於療治之法與典故學術"那樣的訽病（《四庫全書總目》）。

《汝南圃史》一書，充分吸收前人成果，經、史、子、集，靡不廣采博取，熔冶爲一爐，共計徵引文獻一百八十種之多。其中，一些已經失傳的書，經由《圃史》的輯録，今天的人們才得以見其吉光片羽，如《允齋花譜》、《稼圃奇書》、《忠雅》等。摘引前人文獻，有大段抄録者，如卷三《梅》，在分叙梅類時，引用范成大所著《梅譜》，自江梅至杏梅十三種，一字不易，原樣録入。又如卷四《橘》所引《橘録》九法，一千二百五十八字。有對原文加以提煉，較原文更簡練明白。如卷三《梨》有關梨可釀酒的記述，《癸辛雜識》原文共一百七十一字，細節生動，搖曳生姿，是筆記的寫法，《汝南圃史》僅用五十九字，簡潔明白。

《汝南圃史》一書的主旨，概括起來，一是怡神養志，以銷烏兔；二是借樹植之法，微示素儲之經濟，以收用世輔治之功。這突破了《齊民要術》"花草之流，可以悦目，徒有春花而無秋實，匹之浮僞，蓋不足存"（《齊民要術·自序》）的思想藩籬。這個主旨決定了該書的內容與體例。周文華在周允齋《花史》十卷的基礎上，"並標耳目睹記若竹木蔬藜菜菽之屬"，並易名爲《汝南圃史》，既堅守了賈思勰"食爲政首"的思想，又突破了賈思勰鄙視花卉浮僞的偏見。從這個角度上講，周文華敢於挑戰傳統，敢於創新的勇氣是值得敬佩的，

《汝南圃史》是一部具有革命意義的農書。但是，毋庸諱言，這種增補和割裂的迹象是很明顯的。卷三至卷十爲果、花，卷十一、十二兩卷爲竹木、草、蔬菜、瓜豆，前詳而後略，頭重脚輕，後二卷給人以狗尾續貂之感。

《汝南圃史》後世傳刻很少，流傳也不廣。今天所能見到的共有三個版本。一是明萬曆四十八年（1620）書帶齋刻本。國家圖書館藏有善本。《續修四庫全書》、《四庫全書存目叢書》即據國家圖書館藏明萬曆四十八年書帶齋刻本影印，卷十一都缺第二十葉。二是挖改抄本。筆者所見日本內閣文庫藏江戶寫本（書號2826），封面題“汝南圃史”，封二題“致富全書”。有三序，依次爲陳元素《周光禄圃史序》、王元懋《致富全書序》、周文華《圃史自序》。陳元素序首頁鈐“林氏藏書”、“日本政府圖書”、“淺草文庫”等印。序後爲“致富全書總目”，各卷俱題“汝南圃史”。每頁俱無板框、行格及魚尾等，系抄寫本。另，鄭振鐸《西諦書話》言其從來熏閣得到一本，“序目均作《致富全書》，顯系後來挖改。蓋後人以種植花果足以致富，乃爲易此名。首有萬曆庚申陳元素序，又有王元懋序及自序”。查日本內閣文庫藏本，其卷十一正文亦缺《楠》一篇，則該本不早於萬曆庚申書帶齋刻本，也不是其所稱“江戶寫本”，與鄭振鐸藏本相同，俱爲挖改抄本。三是抄本，民國時據書帶齋版録。則上述三本，屬於同一版本系統，而以萬曆四十八年刻本爲祖。

《汝南圃史》至今尚無整理本。此次點校整理，即以萬曆四十八年書帶齋刻本影印本爲底本，參校書目涉及經、史、子、集一百一十七種。統計全書，共出校記三百二十二條，其中改動原文一百七十八處，出異文校五十二處，補脱字九十五處，刪衍文十四處，改動小注竄入正文者九處，正倒文六處，篇章段落次序顛倒兩處，共計徵引典籍八十餘種。限於整理者的淺見寡識，錯誤不少，敬請方家指正。

周光禄《圃史》序

　　光禄君之似公揚，數與余論文，指端舌本，含吐香艷，疑其從衆香國來。乃今讀光禄君《圃史》，天工地能人權則備哉，而文詞爛然，固知公揚之才所發源遠矣。余少則讀嵇襄陽《草木狀》，怪其未該，其所狀者固止一南方也。至《橘録》、《荔譜》之屬，僅僅志一物，尤寒儉。乃光禄所載，歲十二月，月有政，補不韋之漏；月三十日，日有占，通《五行志》之緯；四海內外，九州之江，産凡百億，種種有性情，各還其所喜而無犯其所忌，發《爾雅》、《埤雅》之未發；且於其質味之炎寒、燥潤、甘辛、平惡、毒可攻、膏可滋者，一一爲拈出，以羽翼神農氏《本草》。噫！功偉矣！

　　説者徒以君翔簪紱之林，不忘閒淡之著述，庸知其借樹植之法微示素儲之經濟！是在公揚識之哉！是在公揚用之哉！公揚聞之，葉拱而立，曰："使望得史，天下亦如是圃矣。"

　　萬曆庚申端陽前一日，吳郡陳元素題。

自序

　　余性癖閒嗜淡，每於坳堂隙地，邀漢陰丈人、青門野叟，相與商蒔花課竹、鋤豆種瓜之法。綠烟埋檻，紅雨沉窗，不使金谷梓里傲人於千載，是吾迂也。既而染指雞肋，羈身京洛，政苦黃塵蔽面，故園清夢，時時在鶯巢蝶隊間。適王君仲至貽我《花史》十卷，閱之，乃周允齋先生所輯。一時幽馨異彩，披拂几案，覺塵土腸胃灑然若洗，真不減沸鼎中清泠泉也。稍恨詮集未該，漫取架頭野牒，并標耳目睹記，若竹木蔬藜菜菽之屬，茸爲若干卷。使世有豪杰自閟，不炫簪紱，而喜托南山種豆，北郭澆花，怡神養志，以銷烏兔，顧不必乞橐駝之秘藏，而四時收植調理之妙，一一如視諸掌矣。雖然，種植小經綸也，灌溉小雨露也，習得此三昧，轉爲用世之術，安知非秉化育、撫林總，默輔聖王之治，深培造化之功也哉！以故余力慵而中止，意倦而輒廢者，乃命望兒廣采而竟其局，以見不佞誠子之微意，固亦有在也。然創者允齋，竟者吾父子，署曰《汝南圃史》，以問後世復有茂叔再出者，請更廣之。

　　萬曆庚申花朝，吳郡周文華題於西圃之香蝶寮。

卷之一

月令

栽植

正月九焦在辰，地火在巳，天地荒蕪在巳。

元旦雞鳴時，以火把遍照一切果樹下，則無蟲災。辰刻，將斧班駁敲樹，則結子不落，名曰嫁樹。此月栽樹爲上時。以磚石放李樹岐枝，多結實。凡栽果，上半月多子。忌南風火日。諸果樹宜削去低小亂枝。

下：梅桃核、銀杏、栗子、柑橘子、次年分栽。菊薺、山藥子、萵苣子、麻子、上元日。牛蒡子、天羅子、薏苡仁、茄子、瓜子、菠菜子、韭子、葱子。

分：李樹、木蘭、海棠、玫瑰、紫薇、金雀。

扦：石榴、蒲萄、梔子、薔薇、木香、楊柳、杉木、取嫩枝插芋頭或蘿蔔內，埋土，露枝三寸。長春。

接：梅杏桃李、梨、林檎、棗、栗、柿、瑞香、海棠、木瓜、宜壅狗糞。臘梅、黃薔薇、半丈紅、綉李、已上並雨水後。胡桃、木樨、荼蘼、月季、寶相。已上宜下旬。

壓：山茶、杜鵑、木樨、桑。

移：梅杏桃李、石榴、櫻桃、花紅、銀杏、棗、栗、柑橘、山茶、瑞香、花紅、繡毬、梔子、紫薇、西河柳、迎春、棣棠、佛見笑、金沙、木香、錦帶、菊花、長春。

轉：籬障。

澆：梅杏桃李、梨、林檎、瑞香、牡丹、芍藥、西瓜地、山藥地、韭菜地。掃去陳葉。

壅：石榴、梨、棗、栗、柿、海棠。

起：茨菰。

二月九焦在丑，地火在午，天地荒蕪在酉。

社日，以杵舂百果根，則結子繁而不落；以祭社餘酒及羹潑諸果樹，則多子。凡諸花木遇旱，只澆清水，切忌濃糞。移植亦忌南風火日。[①] 石榴發嫩芽，即掐去。

下：松子、柏子、銀杏、梧桐子、椒子、茶子、榛子、松子、栗子、藕秧、菱、芡、蔗、茨菰、罌粟子、麗春子、錦葵子、秋葵子、翦春蘿子、翦秋蘿子、鳳仙子、決明子、金錢子、秋海棠子、雞冠子、西瓜子、生瓜子、甜瓜子、黃瓜子、絲瓜子、冬瓜子、刀豆子、紫蘇子、扁豆子、萆麻子、紫草子、瓠瓢子、山藥、芝麻、香芋、落花生、白菜子、茄子、莧菜子、宜晦日。夏蘿蔔子、棉花子、絡麻子、芒綫。

分：壽李、石榴、花紅、紫荊、珍珠、玉簪、木筆、杜鵑、榆柳、玫瑰、山礬、虎刺、迎春、金雀、十姊妹、錦帶、甘菊、百合、

---

① "火日"，原作"大日"，據上文"忌南風火日"改。

萱草、石竹、翦春羅、翦秋羅、僧鞋菊、芭蕉、茴香、薄荷、甘露子、藿香、竹秧、葱秧、生菜、苦蕒。

扦：石榴、梨、葡萄、插蘿蔔中栽。瑞香、芙蓉、春分日。薔薇、槿樹、杉樹、桑樹、柳樹、西河柳。俱春分前後。

接：梅杏桃李、枇杷、林檎、春分日。銀杏、棗、栗、胡桃、柿、俱春分前。橘、柑、香櫞、山茶、西府海棠、木樨。俱春分後。

壓：桑。

移：松、槐、梧桐、桑、栗、藕秧、海棠、木瓜、茉莉、萱草、萵苣、薄荷、茄柯、黃瓜、葫蘆、生瓜、冬瓜。餘同正月諸般花果。

鋤：橘地。

整：葡萄棚。翦去小枝。天雨初晴，北風寒切，聚亂草煨之，少出烟氣，以拒嚴霜。

芟：枇杷。

澆：林檎、橘柚、橙、瑞香、牡丹、芍藥。

壅：櫻桃、葡萄、用豬糞和土。橘樹、橙樹、荷、用菜餅屑或麻餅。木樨、椒樹。用糞灰及細土覆根。

看：梅杏。白頭公吃，須令人驅逐，半月乃可。

采：五加皮、甘菊頭、枸杞頭、蒿頭。鹽水綽，曬。

起：茨菰。

收：榆槐桃柳桑皮。煎湯，入鹽炒煨，擦牙。宜春分日。

三月九焦在戌，地火在未，天地荒蕪在丑。

寒食，浸糯米做麵作藥，清明縛樹上，不生䖝毛。又，清明子時於樹上縛稻草一根，不生諸蟲。

下：藕秧、菱、荸薺、山茶、梔子、桐子、翦春羅、鳳仙、金銀錢、雞冠、雁來紅、十樣錦、香薷、落花生、芝麻、薄荷、黃精、葵苢、薑、紫蘇、芋頭、山藥、茄子、西瓜子、冬瓜子、南瓜子、黃瓜子、蘿蔔子、菠菜子、茴香、扁豆、黃豆、赤豆、菉豆、棉花子。

分：松樹、石榴、櫻桃、花紅、棗樹、梔子、山丹、芙蓉、天竹、箬蘭、菊秧、穀雨前後。百合、石竹、翦秋羅、玉簪、珊瑚、芭蕉、枸杞、晚瓜、晚茄。

扦：櫻桃、瑞香、薔薇、月季。

接：梅杏桃李、枇杷、楊梅、栗、橘、橙、綉毬、冬青。

種：梅桃秧、白萼、山藥、上旬。薑、芋、菊上盆。

移：石榴、楊梅、橘、橙、梔子、夾竹桃、桂、茶、宜向陽地。椒、茄、莧菜、扁豆、韭、葱。

出：菖蒲盆、清明後。茉莉盆。立夏前從窖中移出。

修：蜜蜂筒。

四月九焦在未，地火在未，天地荒蕪在申。

此月伐木，不蛀。小滿前後割蜜，則蜂盛。

下：枇杷核、栗子、柿核、菱、茨、俱宜上旬。芝麻、黃豆、芋、蘿蔔子、秋王瓜、葱。

扦：茉莉。芒種前後。

壓：梔子、亦可扦。木樨、亦可移。薔薇、瓜藤。夏至日。

種：芝麻、青豆、香豆。

栽：茄秧。黃梅內栽。亦有早茄，先種，但要捉蟲。

翦：菖蒲。初八日，又十四日，皆可種。

澆：牡丹、晴時。櫻桃。落後，糞水。

采：蠶豆、豌豆、蒜苗。

落：杏子、櫻桃、枇杷。俱先令人看守。

收：罌粟種、紅花、紫菜子。

包：梨。

五月九焦在卯，地火在午，天地荒蕪在子。

五日，收百草頭，和陳石灰作刀瘡藥。午日，嫁棗，如元旦法。

分：水仙、葱秧。黃梅內栽，六月不可澆糞。

種：菱秧、荸薺。小暑前。

移：竹。十三日爲竹醉日。

澆：櫻桃、半和水糞。柑橘、黃梅內，糞，清水。桑樹。夏至，掘開，根下用糞。

采：生瓜、王瓜。

落：梅子、李子。

收：菠菜子、竹籜、芫荽。

六月九焦在子，地火在巳，天地荒蕪在辰。

此月伐竹，不蛀。

下：蒜、蘿葡、胡蘿葡。

移：茉莉。

鋤：竹園地。

扎：闌干竹屏。

壅：韭地。添河泥。

采：紅菱、甜瓜、西瓜。

收：洛陽花子、翦春羅、薄荷。三次。

七月九焦在酉，地火在辰，天地荒蕪在亥。

辰日，伐木，不蛀。

下：牡丹子、臘梅子、蜀葵、萵苣、菠菜、甜菜、胡蘿蔔、胡荽、白菜、蘿蔔、蕎麥。

分：葱秧。

澆：木樨。豬泥糞和水。

采：菱、芡實、西瓜、薑。

收：棗、蓮子、薄荷。三次。茴香子。

八月 九焦在午，地火在卯，天地荒蕪在卯。

下：罌粟、長春、麗春、石竹、洛陽花、紅花、紫菜、萵苣、蠶豆、芥菜、菠菜、藏菜、大蒜、韭薤、胡荽。

分：石榴、櫻桃、紫荊、牡丹、芍藥、貼梗海棠、木瓜、百合、石竹、翦春蘿、翦秋蘿、沃丹、金燈、佛龕、珊瑚、葱。

扦：薔薇、木香。俱秋分前，或壓亦可。

接：桃樹、花紅、玉蘭、牡丹、西府海棠、垂絲海棠。

種：大蒜、韭菜。

移：梅杏桃李、櫻珠、枇杷、銀杏、橘樹、橙樹、梧桐、牡丹、秋分前後。芍藥、木瓜、梔子、木樨。

采：菱、芡。

落：石榴、柿。白露後。

收：梧桐子、鳳仙子、金銀錢、薏苡仁。

九月 九焦在寅，地火在寅，天地荒蕪在未。

九日，收菊花，曬乾，爲末。用糯米一斗蒸熟，以麴並菊花搜和，如常醞法。酒熟，飲之，可治頭風。

浸：菱、芡。

下：罌粟、九日。紅花、月終。蠶豆、中旬。芥菜、春菜。

分：櫻桃、芍藥、貼梗海棠、臘梅、八仙。

移：枇杷、橘、橙、山茶、牡丹、芍藥、茉莉、入室內。蠟梅、麗春、萱花。

轉：橘垜。

澆：梅杏桃李。

落：石榴、梨、銀杏、栗、木瓜。

收：菱、芡、木瓜子、霜降後。秋葵子、翦秋蘿子、決明子、雞冠子、雁來紅子、南瓜、山藥子、霜降後。長柄瓠子、蓖麻子、薏珠子、白蘇子。

去：荷花缸內水。

十月九焦在亥，地火在丑，天地荒蕪在寅。

分：榔李、櫻桃、木筆、芍藥、木瓜、玫瑰、天竹、棣棠、錦帶、水仙、金萱、玉簪、秋牡丹。

移：橘、橙、仲冬亦可。臘梅。

澆：橙樹。落後，糞水。

壅：竹園。用稻管泥。若用河泥，必黃梅熱過者可壅。

起：甘蔗。

收：橘柚柑橙、俱小雪前後。梔子、香薷。

藏：夾竹桃、菖蒲、芙蓉條、斫長尺許，以濕稻穩蓋向陽處，來春二月扦插。葡萄藤。截壯藤長三四尺，埋熟糞內，來春二月扦插。

包：栗。

十一月九焦在申，地火在子，天地荒蕪在午。

冬至日，用糟水澆海棠根，來春花盛。貯雪水，埋地中，用浸諸色種子，耐寒，且不生蟲，兼可醫治小兒熱毒。取溝泥，曬乾，篩淨，以待二三月盆中栽植。

埋：菊秧。

封：菖蒲窖。

藏：薑種。小雪前後。

十二月九焦在巳，地火在亥，天地荒蕪在戌。

貯臘雪，取溝泥，一如前月之法。

扦：石榴、二十五。楊柳、二十四日，不蛀。宮柳、薔薇、佛見笑、十姊妹。

修：桑。

扎：闌干竹屏。六月亦可。非此兩月，則薔薇、木香之類皆生嫩條，不可動搖矣。

澆：櫻桃、橘、橙、和水，濃糞。桑、牡丹、狗糞壅亦妙。芍藥。

壅：櫻桃、楊梅、灰、糞繞旁壅根。韭菜。俱用河泥。

以上非立春後則地脈未和，皆不可移動，惟扦柳宜於臘月。即澆壅，大率濃糞爲佳。

占候

老農欲知水旱，老圃亦辨陰晴，負耒荷鋤，更相問答，故方言偶語並載入史。先繫總說，而仍次之以月日云。

總說

三青一貴。謂稻秧及桑與梅。嘉靖壬戌，桑葉甚貴，其年秧多，梅子價賤。

春甲子雨，赤地千里。夏甲子雨，行船入市。秋甲子雨，

禾頭生耳。冬甲子雨,飛砂滿地。一云:牛羊凍死。又云:甲子值
隻日多驗,雙日或未然。以上見《瑣碎錄》。按《田家五行》與此
少異,云:"春雨甲子,乘船入市。夏雨甲子,赤地千里。赤,
尺,古通用。言爲雨阻,跬步若千里之難。秋雨甲子,木頭生耳。冬
雨甲子,飛雪千里。①"未知孰是。

雲行南,雨溥溥。雲行東,馬頭通。雲行西,雨淋雞。雲
行北,曬破屋。

芙蓉花初開第一朵,秤其輕重,則知來年米價。重一錢,
則米價亦如之。甚驗。

時逢室壁多風雨,雨到奎星方始晴。婁胃西風雲霧起,
昂畢登高天半晴。觜參井遇大風起,井鬼天陰是有晴。總道
柳星烟障起,星中雲黑也還晴。張翼相逢天大沛,軫角直日
皎然晴。亢有大風沙石走,氐房心尾雨風聲。箕斗微微頭上
雨,女牛細雨不分明。一到虛危風大起,若興雲霧隔朝晴。
又曰:箕好風畢好雨。

春丙暘暘,無水浸秧。夏丙暘暘,無水插秧。秋丙暘暘,
乾收上倉。冬丙暘暘,無雪無霜。

月如懸弓,②少雨多風。月如仰瓦,不求自下。

朝華不出市,夜華走千里。

未雨先雷,船去步回。

行得春風有夏雨,落得臘雪有河豚。

夏至西臨六月旱,重陽戊遇一冬晴。

---

① "木頭生耳",原作"禾頭生耳",據《田家五行》改。"飛雪",原誤倒,據《田
家五行》乙正。按,《田家五行》"木頭生耳"下注:"木一作禾工部秋雨嘆云木頭生
耳黍穗黑注按朝野僉載云木作禾者非"。

② "懸弓",《便民圖纂》作"彎弓"。

雨打丁巳頭，四十五日無日頭。

壬子癸丑甲寅晴，麻套釘靴掛斷繩。

久晴望戊雨，久雨望庚晴。

鶴神上天怕馬嘯，下地怕狗叫。上天次日爲甲午，下地次日爲庚戌，言此兩日若雨，必連綿不止也。

春吃瘟瘟夏吃水，秋吃五穀冬吃米。凡交節氣日，若風正對鶴神所坐之方，即帶物吹入口中。惟立春日風向之爲吉，餘俱不利。

正月

先天與後天，何須問神仙？但看立春日，甲乙是豐年。丙丁多主旱，戊巳損田園。庚辛人馬動，壬癸水連天。

歲朝西北風，大水害農工。歲朝東北，五穀大熟。

正月朔雨，主春旱。元日霧，歲必饑。

元旦日未出時，東方有黑雲，春多雨；南方有黑雲，夏多雨。西方主秋，北方主冬，皆如之。

元日晴和無日色，其年必豐。

一雞二犬三猪四羊五馬六牛七人八穀，凡晴爲吉。

一日雨，人食料一升。二日雨，人食料二升。三日雨，人食料三升。四日雨，人食料四升。五日雨，主大熟。

五日內霧，穀傷民饑。

八日看參星。參星參在月身邊，教郎廣種白蒲田。參星參在月爪上，鯉魚跳在鍋蓋上。

初八弗見參星，月半看見紅燈。①

――――――――――

① “初八”至“紅燈”共十二字，《農政全書》作“上八夜弗見參星月半夜弗見紅燈”。

甲子豐年丙子旱，戊子蝗蟲庚子亂。若逢壬子水滔滔，只在正月上旬看。

風送上元燈，雨打寒食墳。

上元日晴，宜百果。又，元宵無雨，多春旱。

十七日棉花生，日晴明花有收。

未蟄先蟄，人吃狗食。又云：未蟄先蟄，一百廿日陰濕。

春雷須見冰，弗冰弗肯晴。

正月陰濕好種田，二月陰濕没子田。

正月有壬子，桑葉貴；有甲子，初貴後賤。

春寒多雨水，春暖百花香。

二月

二月夜雨爲酵頭雨，黃梅中雨之多寡因之。以十夜爲率，主雨水調勻，過則水，不及則旱，此最驗。

初八日祠山大帝生辰，朝有西南風，主豐稔。

十二日爲花朝，十三日爲收花日，俱宜晴明，主百穀果實倍收。

社公弗吃乾糧，社婆弗吃舊水。立春後第五戌爲社日，必有雨。

三月

三月無三卯，田家米不飽。初一雨飄飄，人民當食草。

初三日，田雞上晝叫，上鄉熟；下晝叫，下鄉熟；終日叫，上下一齊熟。

田雞叫得啞，三青變子鮓。又云：田裏收稻把。田雞叫得響，田裏好牽礱。

三月初三晴,桑樹上掛銀瓶。是日東風,葉稍賤。又云:雨打石頭遍,桑葉錢三片。[①] 又云:三日尚可,四日殺我。言四日有雨,則桑葉貴甚。未詳孰是。

初七無雨下秧晴,十七無雨蒔秧晴,廿七無雨收稻晴。

十一日,麥生日,喜天晴。

寒食雨,爛麥堆。

雨打紙錢頭,麻麥不見收。雨打墓頭錢,今年好種田。

清明日雨,主梅裏有水,晴則旱。又,清明日雨,百果損。

清明午前晴早蠶熟,午後晴晚蠶熟,一日晴早晚兩蠶俱大熟。清明糞缸內有蛆,蠶好養,葉貴。

辰戌丑未葉如金,子午卯酉兩平平。寅申巳亥如泥土,清明之日看分明。

三月溝裏白,溝底一畝麥。言三月晴則麥有收也。

是月若連雨四日,主五穀貴。

四月

初四,稻生日,喜晴。

小麥是個鬼,吳音叶舉。只怕四月初八夜裏雨。

八日雨斑斕,高低盡可憐。

十三有雨,麥無收。

有穀無穀,只看四月十六。四月十六烏漉禿,高低田稻一齊熟。四月十六清奇,竈堂裏摸蚌。

十六月上早,低田好種稻。水少故也。

四月十八雨飄飄,高鄉好種雜牢嘈。是日雨,主旱。

---

① "雨打石頭遍桑葉錢三片",《田家五行》作"雨打石頭班桑葉錢價難"。

二十八日小分龍,若然無雨是懶龍。是日無雨,主旱。

日暖夜寒,東海也乾。

麥秀風來擺,稻秀雨來淋。

立夏日無暈,主無水;有暈,須預做湖塘。

立夏日,朝有露水,桑葉大貴;天晴,主旱。

五月

初一落雨井泉浮,吳語叶扶。初二落雨井泉枯,初三落雨連太湖。農人多以五月一日之陰晴卜一年之豐歉。《瑣碎錄》

五月初一若雨落,牆坍壁倒難收捉。

芒種逢壬便立,梅遇辰則絕。

迎梅一寸,送梅一尺。

雨打梅頭,無水飲牛。雨打梅額,河底開坼。①

低田只怕迎梅雨,高田只怕送時雷。

黃梅寒,井底乾。

梅裏雷,低田拆舍歸。

梅裏一聲雷,時中三日雨。芒種後半月,謂之禁雷天。

梅裏一日西南,時裏三日溥溥。②

黃梅時,水邊草樹上看魚散子之高低,卜水之增止。

夏至端午前,抄手種年田。

端午日雨,主來年大熟,當年絲貴。

夏至在五六,弗賣牛車便賣屋。

―――――――――――――――――

① “河底開坼”,原作“井底開坼”,據《農政全書》改。《田家五行》作“河底開折”。

② “溥溥”,《便民圖纂》、《農政全書》作“潭潭”。

夏至日个雨,①一點值千金。

夏至忌日暈,暈則大水。

夏至有雲,三伏熱。②

夏至西臨六月旱,重陽戊遇一冬晴。

夏至日西南風,急風急没,慢風慢没。

夏至日雨,爲淋時雨,不肯即晴。

時裏西南,老鯽奔潭。③

中時腰報倒黄梅。黄梅後爲三時,頭時三日,中時五日,末時七日。中時雨,主大水。末時雷,主久晴。故又云:迎梅雨,送時雷。送子去,再弗回。④

二十分龍廿一鱟,拔起黄秧便種豆。⑤

二十分龍廿一雨,石頭縫裹盡是米。

小暑日雨,黄梅倒轉。

六月

六月初一一劑雨,夜夜風潮到立秋。

六月初三打个陣,上晝種田下晝困。

六月初三晴,沿山竹篠盡枯零。

六月弗熱,五穀弗結。

六月西風吹遍草,八月無風秕子稻。

伏裏西北風,臘裏船弗通。

---

① “个”,《古謡諺》作“個”,疑形誤,當作“下”。

② “夏至有雲三伏熱”,《田家五行》作“夏至無雲三伏熱”。

③ “時裏西南老鯽奔潭”,《農政全書》作“時雨西南老龍奔潭”,《田家五行》作“時裏西南老龍奔潭”。

④ “送子去再弗回”,《農政全書》作“送去了便弗回”。

⑤ “起”,原作“子”,據《農政全書》改。

夏末秋初一劑雨，賽過唐朝萬斛珠。①

七月

七月秋，蒔到秋；六月秋，便罷休。

朝立秋，涼颼颼；夜立秋，熱到頭。

立秋日天氣晴明，萬物多不成熟。

秋踏躂，損萬斛。立秋日發雷，名秋踏躂，主晚稻秕，故云。②

立秋日東南風，稻花三開三閉；西南風，稻花五開五閉；西北風，稻花七開七閉。農人以開閉太遲爲慮，恐遇風雨歉收耳。

立秋日西南風，主禾稻倍收，發風三日，畝收二石。

十五日，稻竿生，日要晴。一云：十四、十五、十六有雨，俱主撩水稻，俗又謂稻扦生日。

立秋後虹見，爲天收，雖大稔，亦減分數。

處暑若還天不雨，總然結實也無收。

八月

八月朔日晴，連冬旱；有雨，好種大小麥並薑。

白露號天收，有雨損穀，名苦雨。

白露前是雨，白露後是鬼。

八月十五雲遮月，來歲元宵雨打燈。

二十四爲稻稿生日，雨則稿腐。

秋分日晴及東南風，主有收。

---

① “萬斛”，《農政全書》作“一囷”。

② “秋踏躂損萬斛”，《農政全書》作“秋霹靂損晚穀”。

分社合日，農家叫屈。

分了社，吳語叶乍。穀米遍天下。社了分，穀米如錦墩。

八月小，糯米便是寶；八月大，街頭有菜貨。

人怕老窮，田怕秋旱。又云：飽水足穀。

三卯三寅，麥出低村。三庚二卯，麥出拗巧。^① 高鄉。

九月

一日至九日，凡北風，則來年米賤。以日占月，如一日北風，正月賤；二日北風，二月賤也。

九日雨，禾成脯。^② 言有雨，收禾必晴。

重陽濕漉漉，穰草千錢束。雨主柴貴。

重陽看風色。東北風是石崇口裏風，萬物皆結實。西北風是范丹口裏風，實是無告吃。吳俗呼"無物"爲"無告"也。

九月十三晴，弗要蓋稻亭。

霜降見霜，攝米個做霸王。

十月

賣綿絮婆婆只看十月朝，無風無雨哭號咷。

十月初一晴，柴炭灰樣平。

十月初一西北風，糴子新米糶冬春。來年米賤。

立冬日晴，主有魚。

小雪日雪，主穀賤。

---

① "三卯"至"拗巧"共十六字，《田家五行》作"三卯三庚麥出低村三庚立卯麥出坳巧"。

② "禾"，《農政全書》作"米"，《田家五行》作"未"。

十月雷，人死上爬堆。①

十月無壬子，留寒待後春。

雨打冬丁卯，飛禽弗得飽。

十月迷露明塘寬，十一月迷露明塘乾。②

十一月

冬至前米價長，貧兒有長養。冬至前米價落，窮漢轉消索。

要知來年閏，只看冬至剩。

十七日彌陀生日，東北風，天有雲，主來歲有雨大熟。

冬至後三辛立臘。

十二月

臘月雷，地白雨來催。

若要麥，見三白。

兩春夾一冬，無被暖烘烘。

臘雪是被，春雪是鬼。

---

① “人死上爬堆”，《農政全書》作“人死用耙推”，《田家五行》作“人死耙兒推”。

② “十月”至“塘乾”共十五字，《農政全書》作“十月沫露塘瀊十一月沫露塘乾”。

卷之二

吴郡周文華含章纂次

栽種十二法栽種各有所宜，分列百卉下，茲先載其總法。

下種

　　凡下種，必擇吉日及天晴爲妙，雨則不苗。三、五日後必欲雨，旱則不生，須頻澆水。下種後不得令人足雞犬踐踏。《允齋花譜》

　　核宜排，子宜撒。其法：收枝頭乾實，懸通風處，臨種少曬。擇向陽所，以肥土鋪半，將核尖向上排定，再以肥土蓋之，乾濕得所爲妙。《灌園史》

　　凡果須候肉爛，和核種之，否則不類其種。《瑣碎錄》

　　凡種蔬薤，必先燥暴其子。蔬宜畦種，薤宜區種。畦地長丈餘，廣三尺。先數日，斸起宿土，雜以蒿草，火燎之，以絶蟲類，並得爲糞。臨時益以他糞，治畦種之。區種如區田法，區深、廣可一尺許。臨種，以熟糞和土拌勻，納於地中。候苗出，視稀稠去留之。又有芽種：凡種子先須淘淨，頓匏瓢中，覆以濕草，三日後芽生，長可指許，然後下種。先於熟畦內以

水飲地，匀摻芽種，復篩細糞土覆之，以防日暘。如依此法，菜既齊出，而草又不生。《稼圃奇書》

分栽

根上發起小條俱可分栽。先就本身相連處截斷，未可便移，待次年方可移植。或叢生者則不必然，亦須按月分栽，則活。《允齋花譜》

凡花木有直根一條，謂之命根，趁小時便盤了，或以磚瓦承之，勿令生下，則他日易移。以利斧斷之亦可。① 《瑣碎錄》

扦插

凡扦插花木，須地土肥細。二、三月間萌蘗將動時，選肥嫩發條取下，斬長尺許，每條下削成馬耳狀。即以杖刺土成穴，深五、六寸許，以花條插之，半入土內，半出土上，仍築令土著木。日用水澆灌，令土常潤澤。夏搭涼棚蔽日，冬作暖棚以禦霜雪。候長成方可移栽。《允齋花譜》

春花已半開者，用刀翦下，即插之蘿蔔上，卻以花盆用土種之，時時澆溉，異時花過則生根矣。既不傷生意，又可得種，亦奇法也。② 《癸辛雜識》

接換

凡葉相似、實與核相類者，皆可接換。下向根脚，謂之樹

---

① “直根一”下“條”，原脫；“趁小時”下原衍“栽”字；“承”，原作“盛”。據《分門瑣碎錄》（以下簡稱《瑣碎錄》）補、刪、改。“以利斧斷之亦可”七字，《瑣碎錄》無。

② “花盆”下“用土”，原脫；“花過”上“異時”，原脫；“不傷生”下“意”，原脫。據《癸辛雜識》補。

砧,如桃砧接梅接杏,櫟砧接栗之類是也。若本色接本色尤妙。砧大者宜高截,小者宜近地截。截訖,用快刀銛砧上鋸齒痕,將取到接頭斷長四寸許,根頭斜削皮骨成馬耳狀。又將馬耳尖頭薄骨翻轉,割去半分,納口内噙養。然後於砧盤左右皮内木外批豁,或兩道,或三道,納所噙接頭於内,極要快捷緊密,須使老樹肌肉與接頭肌肉相對。用竹籜闊寸許,劈開,雙摺,齊砧面包裹。再用竹籜包其砧頂,通以麻皮纏縛牢固,爛泥封其鏄隙,再用瓦盛潤土培養。接頭上乾,即灑之。上露接頭二、三眼,以通活氣,直至秋間新枝長成,方可去土。《允齋花譜》

凡接换,必須相稱,砧大宜高截,砧小宜低截。對接,上下各正,去半扦。偶接,上下各斜,去半扦。插接,截平本根,削斜分枝,插皮内。合接,同種兩枝各削去半邊。俱用麻縛篾幫,泥封籜裹。四圍扦棘,以防鳥雀;常將水灑,更避日色。若遇狂風大雨,急宜遮護,否則不活。《灌園史》

接法有五:一曰身接。將鋸截去原樹枝莖作盤砧,高可及肩。以小利刃於其盤之兩旁微啓小鏄隙半寸,先用竹籤候之,測其淺深。即以所接條約長五寸,一頭削作小篦子,先噙口中,假精溢以助其氣。即納之鏄中,皮肉相對插之。即用樹皮封繫桑皮穀皮之類,寬緊得宜。用牛糞和泥,斟酌擁包,勿令透風。外仍留一眼於上,以泄其氣。二曰根接。以鋸截斷原樹,去地五寸許,以所接枝條削皮插之,一如身接之法,就以土培封之,以棘圍護之。三曰皮接。用小利刃於原樹身八字斜劈之,仍以竹籤探著深淺,將所接之枝皮肉相向插入,封護如前。迨接枝發茂,斬去原樹枝莖,則所接新枝自然條達。四曰枝接,一如皮接之法。五曰搭接。將已種出芽條去

地三寸許上削作馬耳，將所接枝條並削馬耳相搭接之，封繫糞擁，悉如前法。《稼圃奇書》

凡接矮果及花，用好黃泥，曬乾，篩淨，小便浸之，再曬浸十餘次。以泥封樹枝，用竹筒破作兩片封裹之，則根立生。次年截取栽之。《瑣碎錄》

凡接樹，須其生意已動未發芽時，不先不後，乃易活。《王氏日抄》

凡接花樹，雖已接活，內脂力未全，包生未滿，接頭處切勿令梅雨得以浸其皮。《瑣碎錄》

《宦游紀聞》載種花法云："春分和氣盡，接不得；夏至陽氣盛，種不得；立夏以後，不可移種。"其云"春分不可接樹"，則妄也。接樹之期，大率先梅杏桃李，次棗栗梨柿，次柑橙橘柚。惟金橘尤宜遲，蓋氣未動而接者多不能活。《允齋花譜》

凡接樹，雖活，下有氣條從本身上報者，急宜削去，勿令分其氣力。《允齋花譜》

壓條

壓黃薔薇法：黃梅中，攀枝着地，用樹鈎釘住，令其貼服，用肥土壅之。明年生根後截斷，再隔一年移栽。因此種最難活，必須用此法。凡壓條仿此。《允齋花譜》

過貼

凡花木不可分、不可接、不可壓，用過貼法。

凡欲過貼，先移葉相類之小樹於旁，從兩邊樹枝可相交合處，以刀各削其半，對合，著用竹籜包裹，麻皮纏縛牢固，泥封之。大樹所合枝旁截令斷，小樹所合枝去其梢，至來春方

可截斷連處，待長後移植。《允齋花譜》

移植

凡移植果木，必先於九月霜降後撅轉成圓垛，以草索盤縛原土，未可移動，仍以鬆土填滿周遭鑱隙，待次年正、二月移栽。栽處宜寬，作區，安頓端正，然後下土。將木器斜築根底下，以實爲度，上以鬆土覆之。若本身高者，須用竹木扶，縛定，勿使風搖動。安頓完，即以肥水澆之。如無雨，每朝灌水，直待半月後其根實生意發動乃止。大樹髡其梢，小則不必髡。若路遠未能便種，必須蔽日。若垛碎日炙，即不活矣。

凡栽樹，正月爲上時，二月爲中時，三月爲下時。然棗雞口、槐兔目、桑蝦蟆眼、榆負瘤散，[1]自餘雜木鼠耳、虵翅各以其時。[2] 樹種既多，不可一一備舉。

凡樹一移當三年。《瑣碎錄》

先記枝之所向，將竹刀掘起，下勿傷根，上勿損葉，如前種之。再加肥土，填滿四邊。又以石子鋪面，以防泥濺；如泥一濺，葉即黃脱。仍須澆灌得宜，謹避風日，數日即活。《灌園史》

花木接者，或欲移種，須令接頭在土外。[3]《瑣碎錄》

移栽果木，宜在望前，則結子繁多。《灌園史》

---

① "榆負瘤散"，原作"榆員瘤"，據《瑣碎錄》改、補。

② "自餘"，《齊民要術》(以下簡稱《要術》)亦作"自餘"，《瑣碎錄》作"白餘"，《歲時廣記》作"其餘"。"虵翅"，《要術》同，《瑣碎錄》作"蟲蛆"，《歲時廣記》作"虵趄"。

③ "欲"，原作"砍"；"外"上"土"，原脱。據《瑣碎錄》改、補。

整頓 避忌、祈禳、保護、驅邪附

正月修諸花果樹木，削去低小亂枝，勿令分力，結子自然肥大。《允齋花譜》

樹木發芽時，於根旁掘土，須要寬深，尋直下釘地根截去，留四邊亂根勿動，卻用土覆蓋築實，則結果肥大，勝插接者，謂之騸樹。①《農桑撮要》

花果樹木有蟲蠹者，務宜去之。其法：用鐵綫作鈎取之。一法：用硫黃雄黃作烟熏之，即死。或用桐油紙捻條塞之，亦驗。《稼圃奇書》

凡樹內蛀蟲，入春頭俱向上，難於鈎取，必用烟熏。唯冬則向下，將鐵綫一摻，立盡。《王氏日抄》

花果樹木有蟲蠹者，以芫花納孔中即除。② 一云：百部葉亦可。又，正月間用杉木作小釘塞之，其蟲立死。《瑣碎録》

凡種好花木，其旁須種葱薤之屬，以辟麝。花木最忌麝香之觸，瓜尤忌之。若既爲所觸，急於上風燒硫黃氣以解之。《灌園史》

樹得桂而枯，然未可概論。若以桂爲釘，釘在下則枯，釘在上則茂。《瑣碎録》

果子生花，花謝時天晴日猛，其年結必多，遇雨即少。鑿開樹皮，納少鍾乳末，則子多且美。又，樹老，以鍾乳末和泥，於根上揭去皮抹之，樹復茂。《瑣碎録》

凡木皆有雄雌，雄者多不實。可鑿木作徑寸穴，取雌木

_____

① “樹木發芽時”，《農桑衣食撮要》（以下簡稱《農桑撮要》）作“樹芽未生之時”；“直下”，《農桑撮要》作“纂心”。

② “芫”，原作“莞”；“孔”下“中”，原脱。據《瑣碎録》改、補。

填之，乃實。《允齋花譜》

生人髮挂果樹，飛鳥不食其實。《允齋花譜》

果樹無子，以社酒或社日羹潑之，其生必多。又，社日杵百果根，則子大。《瑣碎録》

諸般樹木，整頓尤須得法。去瀝水枝，向下者。去刺身條、向內者。騈紐枝、連結者。冗雜枝、多亂者。風枝、細長者。旁枝，新發者。或將大枝截去，以蜜塗之，復以馬糞和泥罨其潤處，或用魚腥水澆之，便生苔蘚，尤助野趣。如盆中樹，欲其曲折，略割其皮，隨意轉摺，以棕縛之，自饒古意。《灌園史》

種樹時，將大蒜一枚、甘草一寸，先放根下，永無蟲患。若有蛀眼，以硫黃塞之。有蟻穴，以香油或羊骨引之。有蚓穴，以鴨糞或灰水澆之。

凡種盆景，保護務要及時。倘風水相侵，寒熱暴至，當以布帳遮之，或篾簟覆之。如遇輕陰細雨，淡日和風，出架庭中。勿令著地，恐致根長及引蟲蟻。

冬日，將樹掘起，洗淨，勿傷根芽，當量樹之老嫩，於日中曬數日，乾極則灑水，復用肥泥拌宿壤種之。若天暖，澆糞數次亦可。若止曬一面，則餘三面皆無花矣。《灌園史》

以烏賊魚骨針花樹，輒死。《瑣碎録》

植物去皮則死，氣在外也。《允齋花譜》

草木被羊食者不長。《允齋花譜》

諸豆與油麻、大麻等，若不及時去草，必爲草所蠹耗，雖結實，亦不多。諺云："麻耘地，豆耘花。"麻初生即耘，豆雖花時尚可耘也。

珊瑚、虎刺、翠雲草、秋海棠、山茶、菖蒲皆喜陰，遇日色多枯槁，宜遮蓋之。杜鵑尤不宜日，置之樹陰深處，則蒼翠可

愛。《允齋花譜》

澆灌

澆灌必分早晚。早宜肥水澆根。其法：鋤嫩青草拌溝泥同罨缸內，久則自然流出青水，澆之。晚宜清水灑葉。其法：取天落水或河池水置缸內，投石子數枚，澄過灑之。若晚間驟雨，急宜遮護，恐烈日曬後熱氣蒸花故也。《灌園史》

凡草木發芽，不可澆糞，恐傷其根也。花開時不可澆糞，恐墮其花也。糞須和水，不可太濃。若用停久冷糞曾經雨露者尤妙。《稼圃奇書》

草木之性不同。如茉莉、石榴不妨過肥，杜鵑花稍著糞穢，則木立槁。又，五月梅雨時，不宜用肥，肥則根必腐爛。八月白露雨至，必生嫩根，概以肥澆，非獨無益，抑且有害。《允齋花譜》

澆灌之法：須按月輕重，暑月宜清，臘月宜厚。如正月用糞，和水七之三，二月六之四，三月平分，四月四之六，五月三之七，六月二之八，以後月分，例照前月次第加減。《允齋花譜》

凡花蕊當在數日後開者，用馬糞浸水澆之，次日即開，謂之催花法。《稼圃奇書》

培壅

培壅先於貯土。須鋤青草，以糞澆之，煨過再燒，如此數次，搗碎篩淨，揀去磚瓦草根，收藏缸內，安頓日照雨曬處。或將黃泥浸臘糞中年餘取出，曬乾用之。或植盆樹，將炭屑及瓦片浸糞窖中經月取出，以爲鋪盆用。《允齋花譜》

凡種花欲得花多，須用肥土壅根，高三、五寸，但宜在十

一、十二、正月，餘月皆不宜壅。《允齋花譜》

摘實

凡果實未全熟時，不可便摘，恐抽過筋脈，來歲不盛。①《瑣碎録》

又，果熟時，勿輕摘采，如動破一枚，飛鳥皆來啄食。《灌園史》

凡果實異常者，根下必有毒蛇，切不可食。《瑣碎録》

花果樹曾經孝子及孕婦手折，則數年不生花，即花亦不甚結實。《灌園史》

凡果實及皂莢之類，如初結實之年爲僧尼所觸，終不復結。《允齋花譜》

收種

凡收子種，須選其無病而綻者，曬令極乾，以瓶收貯，懸於高所，勿近地氣，恐生白黴，即無用，隔年亦不生。《允齋花譜》

凡收核種，必待其果熟甚，擘取其核，便於向陽暖處，深寬爲坑，以牛馬糞和土平鋪坑底，將核尖向下排定，復以糞土覆之，令厚尺餘。至春生芽，萬不失一。忌水浸風吹，皆令仁腐。一法：以泥包核如彈丸，曬乾，投前坑中更妙。《允齋花譜》

---

① “凡果實”至“不盛”共二十字，《瑣碎録》作“凡果木未全熟時摘若熟即抽過筋脈來歲必不盛”。

卷之三

吳郡周文華含章補次

花果部

梅

梅，一名楠，杏之類。樹及葉皆如杏，樹比杏稍黑，葉比杏稍青。北人不識，故賈思勰曰："梅花早而白，杏花晚而紅；梅實小而酸，核有細文；杏實大而甜，核無文采。白梅任調食及虀，杏不任此用。世人或不能辨，言梅、杏爲一物，失之遠矣。"①花香，先百花開；結實，至五月而熟。

范石湖《梅譜》曰："梅，天下尤物，無問知愚賢不肖，②莫敢有異議。學圃之士，必先種梅，且不厭多。"又曰："梅，以韻勝，以格高，故以橫斜疏瘦與老枝怪奇者爲貴。其新接稚本，一歲抽嫩枝直上或三四尺，如酴醾、薔薇類者，吳下謂之氣條。此直宜取實規利，無所謂韻與格矣。又有一種糞壤力勝

---

① "賈思勰"，原作"賈元勰"；"核有"下"細"，"核無文"下"采"，"梅任調食"上"白"，原脱。據《要術》改、補。

② "知愚賢不肖"，《范村梅譜》（以下簡稱《梅譜》）作"智賢愚不肖"。

者，於條上茁短橫枝，狀如棘針，花密綴之，亦非高品。①"其
叙梅類：

"有江梅。遺核野生，不經栽接者。又名直脚梅，或謂之
野梅。凡山間水濱荒寒清絶之趣，皆此本也。花稍小而疏瘦
有韻，香最清，實小而硬。

有早梅。花勝直脚梅。吳中春晚，二月始爛熳，獨此品
於冬至前已開，故得早名。錢塘湖上亦有一種，尤開早。予
嘗重陽日親折之，有'橫枝對菊開'之句。行都賣花者爭先爲
奇，冬初，折未開枝置浴室中熏蒸令坼，強名早梅，終瑣碎
無香。

有官城梅。吳下圃人以直脚梅擇他本花肥實美者接之，
花遂敷腴，實亦佳，可入煎造。

有消梅。花與江梅、官城梅相似，其實圓小，鬆脆多液，
無滓。多液則不耐日乾，故不入煎造；亦不宜熟，惟堪青啖。

有古梅。其枝樛曲萬狀，蒼蘚鱗皴，封滿花身。又有苔
鬚垂於枝間，或長數寸。風至，緑絲飄颻可愛。②

有重葉梅。花頭甚豐，葉重數層，盛開如小白蓮，梅中之
奇品。花房獨出，而結實多雙，尤爲瑰異，極梅之變化，工無
餘巧矣。

有緑萼梅。凡梅花跗蒂皆絳紫色，惟此純緑，枝梗亦青，
特爲清高好事者比之九疑仙人。萼緑華。又有一種，萼亦微
緑，四邊猶淺絳，亦自難得。

有百葉緗梅。亦名黃香梅，亦名千葉香梅。花葉至二十

① "稚本"，《梅譜》作"稚木"。"一歲"、"吳下"，原脱。據《梅譜·後序》補。
② "飄颻可愛"，《梅譜》作"飄飄可玩"。

餘，瓣心色微黄，花頭差小而繁密，別有一種芳香，比常梅尤穠美。不結實。

有紅梅。粉紅色。標格猶是梅，而繁密則如杏，香亦類杏，詩人有'北人全未識，渾作杏花看'之句。與江梅同開，紅白相映，園林初春絕景也。梅聖俞詩云'認桃無綠葉，辨杏有青枝'，當時以爲著題。東坡詩云'詩老不知梅格在，更看綠葉與青枝'，蓋謂其不韻，爲紅梅解嘲云。

有鴛鴦梅。多葉紅梅也。花輕盈，重葉數層。凡雙果必並蒂，唯此一蒂而結雙梅，亦尤物。

有杏梅。花比紅梅色微淡。結實甚匾，有爛斑色，全似杏，味不及紅梅。"

《吳邑志》云："梅花疏瘦有韻，山家多種之。光福山中尤多，花時香雪三十里，物外奇賞也。"又云："梅子，其味仍在熟時，青黃餀飣，歷時最久。"

《埤雅》曰："子赤者材堅，子白者材脆。俗云：'梅花優於香，桃花優於色。'天下之美不得而兼者。若荔枝無好花，牡丹無美實，亦其類也。""今江湘二浙四五月之間，梅欲黃落，則水潤土溽，礎壁皆汗，蒸鬱成雨，其霏如霧，謂之梅雨，沾衣服皆敗黦。[①] 故自江以南，三月雨謂之迎梅，五月雨謂之送梅。"

梅，食之生津液，能止渴而損齒。《本草衍義》曰："食梅則津液泄，木生水也。[②] 津液泄，故傷齒。腎屬水，外爲齒故也。"

---

① "二浙"，原脱；"土溽"，原作"玉溽"。據《埤雅》補、改。
② "木生水"，《本草衍義》作"水生木"。

其熟者，以火熏之，爲烏梅。以鹽殺之，爲白梅。其青者，以糖和之，作糖梅。以蒜醋和之，作蒜梅。或又杵白梅，和以紫蘇，作梅醬。古人用以調羹，疑即此也。《齊民要術》："作白梅法：梅子酸核初成時摘取，夜以鹽汁浸之，晝則日曝，凡作十宿十浸十曝便成，調鼎和齏，所在多任也。作烏梅法：亦以梅子核初成時摘取，籠盛於突上熏之，令乾即成矣。烏梅入藥，不任調食也。①"

春間，取核埋糞地，待長二三尺許移栽。亦有野出者，必數年始著花。今人取佳種接桃樹上，或用本色，春秋皆可接，唯在春分前後則易活，二三年便有花，此捷法也。九月間，用糞澆溉。又云：移大梅樹，去其枝梢，大其根盤，沃以溝泥，無不活者。或云：於苦楝樹上則成墨梅。然詢之老圃，獨宜江梅，餘俱不然。

《灌園史》曰："瓶中插梅花，將腌肉汁撇去浮油，入瓶，插之，可至結實。或用煮鯽湯亦可。"陳眉公曰："以乾鹽貯瓶，插梅其中，鹽梅相和，尤覺清韻。"

杏

杏，葉如梅而圓大，花先赤後白，艷麗可愛。栽種之法與桃李同，但宜近人家，不得移動耳。二月開花，五月實成。其仁有毒，須煮令極熟，以中心無白爲度。此果多花少實，實多亦爲農祥。《師曠占術》云："杏多實不蟲者，來歲秋禾善。"

《文昌雜録》云：揚州李冠卿所居堂前杏一株，極大，多花

---

① "作十宿十浸十曝"，原作"十曝十浸"；"多任"，原作"多人"；"作烏梅"下"法"，"亦以"下"梅子"，"籠"下"盛"，原脱。據《要術》改、補。

而不實。一老嫗曰："來春爲嫁此杏。"冬深，忽携尊酒，云是婚嫁撞門酒。索處子裙繫樹上，已，奠酒辭祝再三。家人咸哂之。明年，結子無數。

《瑣碎録》云："杏熟時，合肉埋糞土中。^① 至春既生，則移栽實地；既移，不得更動。用桃樹接或本色接。"

《興化府志》云："杏，北地所産，移種至此，不生，生亦不蕃，不久隨絶。亦猶南橘北枳，其性各有所宜也。"

今陝西出八丹杏，杏肉多查，不可食，惟取其仁食之。亦名杏榛，與今所食杏又自不同也。

桃

桃之品不一，其花繁麗，仲春之月始開，木少則花盛，《詩》云"桃之夭夭，灼灼其華"是也。五六月實成，亦有至十月始熟者。

《爾雅翼》云："桃能去不祥。桃之實在木上不落者，名桃梟，^②一名桃奴，及莖、葉、毛皆去邪。故古者植門以桃梗，出冰以桃弧，^③臨喪以桃茢。《典術》云：'桃者，五木之精，仙木也。故厭伏邪氣，制百鬼。'"又云："桃，西方之木，味辛氣惡，物或惡之。木之不用桃，猶菜之不用辛也。"

今桃仁、桃花、桃梟、桃葉、桃毛、桃蠹、桃膠皆入藥，而桃花服之能令人好顔色，神仙家植之。《圖經本草》云："大都佳果多是圃人以他木接根上栽之，遂至肥美，殊失本性，此等藥中不可用之，當以野生者爲佳。"

---

① "合"，《瑣碎録》作"含"。
② "桃梟"，《文淵閣四庫全書》本《爾雅翼》（以下簡稱《爾雅翼》）作"梟桃"。
③ "古"下"者"，原脱，據《爾雅翼》補；"冰"，原作"兵"，據《爾雅翼》改。

　　桃之花實並茂而尤易生。諺云："頭白可種桃。"又曰："桃三李四,梅子十二。"《齊民要術》曰:"種桃法:桃熟時,合肉全埋糞土中。直置凡地則不生,生亦不茂。桃性早實,三歲便結子,故不求栽。① 至春既生,移栽實地。若仍處糞中,則實小而苦。栽法:以鍬合土掘移之。桃性易種難栽,若離本土,率多死矣。又法:桃熟時,於向陽暖處,寬深爲坑,取桃數十枚,擘破,將核納濕牛糞中,尖頭向上,覆土尺餘,至春深芽長,移核栽之。或云:種時,以桃核刷淨,令女子艷妝種之,他日花艷而子離核。② 桃性皮急,四年以上,宜以刀豎劙其皮。不劙者皮急則死。七八年便老。老則子細,是以宜歲歲種之。"

　　三月中,掘取野生者,雖小,勿動其根上之土,根一離土,栽亦不活。待長成小桃樹,以二八月中求佳種接之,不過二三年即食其實。聞之洞庭山人云:"諸果下種皆不變,唯桃不然,實雖大,種之則小,故不如接也。"且桃易生之木,不唯可接本色,而梅、杏、李無不賴之,故以多植爲美。

　　其種甚多。有金桃。形長,色深黃如金,肉粘核,多蛀,不蛀者乃佳,味甘酸如柿,綽有風致,以七月盡熟。有銀桃。形圓,色青白,肉不粘核,味甘,以六月中熟,大可四寸許。金桃、銀桃俱淡紅色,又名水蜜桃。有灰桃。即昆侖桃,又名墨桃。花色比金銀桃尤淡,形長,肉深紫紅色,而皮色似灰,核肉不相粘,味在銀桃之上,以七月中熟,大可四寸許。有襄桃。開淡紅花,形圓,色青白,肉不粘核,味甘,以五月中熟,大可二寸,俗名楊桃,云接楊樹而生,非也。有十月桃。花

---

① "桃性早實"、"故不求栽",《要術》作"桃惟早實"、"故不求穀"。
② "或云"至"離核"共二十四字,《要術》無。

紅，形圓，色青，①肉粘核，味甘酸，以十月中熟，大徑寸半，諸品中惟此最後，疑即古冬桃也。有李桃。花深紅色，形圓，色青，肉不粘核，味甘，花、葉、形、味皆桃也，但其實光澤如李，故名。大徑寸半，一名柰桃，又名光桃。有胭脂桃。花如緋桃而單葉，形圓，色青，肉粘核，味甘酸，以七月中熟。有緋桃。花色深紅。一種多葉，結子皆雙。一種千葉，有四心，結子或三或四，多不成實。有碧桃。花色純白微碧。一種單葉，結實以七月中熟，大可寸許；一種千葉，花色雅淡豐腴，結實少，與鴛鴦桃同，開最後。有瑞香桃。又名孩兒桃，又名矮桃。高一二尺，實如金桃而圓，秋熟，《建昌志》所謂道州桃也。蓋道州出侏儒，而此桃形矮，故名。有美人桃。花粉紅色，千葉，又名人面桃，取"人面桃花相映紅"之義，最妖冶，特不結實。有鴛鴦桃。千葉，深紅，開最後，而輕盈婉麗在緋桃之上。結實必雙，味亦酸甜可口。有匾桃。又名餅桃，又名盒盤桃。有尖嘴桃。亦謂之京桃，花色紅麗，味亦甘美。

李　櫛李附

李之品，見於傳記者甚多。

《埤雅》云："李，東方之果，木子也，故其字從木從子。"《爾雅翼》云："李，木之多子者，故從子。"又云："李，南方之果也。火者，木之子，故名。"與《埤雅》說異。

其花白而細，比桃尤繁。楊誠齋常疑韓退之詩"不見桃花唯見李"，花後登碧落堂，望隔江桃李，則桃暗而李明，乃悟其妙，蓋炫晝縞夜云。

---

①　"花紅形圓色青"，原誤倒為"形圓色青花紅"，據《秘傳花鏡》乙正。

　　蕭瑀、陳士達於龍昌寺看李花，相與論李有九標，謂香雅，細淡，潔密，宜月夜，宜緑鬢，宜泛酒，①無異色。

　　其實以五月熟，甘脆可啖，有微澀且酸者，亦隨其品之上下而已。青李外青内白，嘉慶李外青内紅，俱核小味甘，而嘉慶李尤勝。韋述《兩京記》云："東都嘉慶坊有李樹，其實甘鮮，爲京都之美，故稱嘉慶李。今人但言嘉慶子，蓋稱謂既熟，不以李名也。"建寧李亦甚佳，土人乾之，貨賣四方。聞北地有御黄子，亦李之類，而味甘美。

　　《齊民要術》曰："李性耐久，樹得三十年老，雖枝枯，子亦不細。嫁李法：於元日或上元日，以磚石著李樹岐中，令實繁。又：臘月中，以杖微擊枝間，至正月晦日復擊，可令足子。其不實者，亦於元旦五更四面照火，亦云嫁李。凡李桃樹下，並鋤去草穢，不用耕墾。耕則肥而無實，樹下犁撥則樹死。大率桃、李方兩步一根。根密陰連則子細，而味亦不佳。②"

　　《便民圖纂》云："臘月中，取根上發起小條，移種別地。待長，行栽。栽宜稀，不宜肥地。"

　　取桃樹接之，則生子紅甘。或以本色接之，亦易活。

　　郁李，俗名壽李，高五六尺，叢生，開細花，或紅或白，繁褥可愛，陸龜蒙《郁李花賦》云"一枝上能萬其膚萼，一萼中自參其丹白"是也。花有三種。一種開細白花，單葉，結子如櫻桃，甘酸可食，二月開花，六月中熟，即郁李也。一種開細白花，千葉，俗名喜梅，又名玉蝶。一種開細紅花，千葉，俗名玉梅。皆郁李之類，而千葉者結實多雙，此爲異耳。

---

　　① "泛酒"上"宜"，原脱，據《花木鳥獸集類》引《承平舊纂》補。
　　② "其不實者"至"嫁李"共十八字，《要術》無；"耕則"至"樹死"十三字、"根密"至"不佳"十二字小注，原竄入正文，據《要術》改。

《本草》："棣李仁,取單葉者十月中分栽。"陸璣《草木疏》云："唐棣,即奧李也。奧,音郁。一名雀梅,亦曰車下李。其花或赤或白。六月中熟,大如李子,可食。"《埤雅》云："棠棣,如李而小,子如櫻桃,正白,花萼上承下覆,甚相親爾。《采薇》所謂'彼爾維何? 維常之華'是也。"據此,則今之郁李,即古之所謂唐棣。然郭璞注《爾雅》,以唐棣似白楊;《爾雅翼》又以唐棣爲今栘楊,非白楊。皆不以棣李爲唐棣,未知何故。

石榴

石榴,一名安石榴,一名丹若,又名天漿。五月間開紅花,此花附、萼皆真紅色,瓣如撮丹,鬚黃粟密。唯單葉者結實作房,子甚多。

《圖經本草》曰："安石榴,本生西域。"陸機《與弟書》云："張騫出使絕域十八載,得塗林安石榴。"從安石得之,故名。亦名海榴,李贊皇《花木記》所謂"凡花以海名者,皆從海外來也"。今處處有之。木不甚高大,枝柯附幹,自地便生,作叢。種極易息,折其條盤土中便生。花有黃、赤二色,實亦有甘、酢二種。甘者可食,酢者入藥。又一種山石榴,形頗相類而絕小,不作房,青、齊間甚多。不入藥,但蜜漬以當果。疑即今之火榴也。

《齊民要術》栽石榴法："三月初,取指大枝,長尺有半,八九枝共爲一稞,燒下頭二寸。不燒則漏汁。先掘圓坑,深尺有七寸,廣徑尺。豎枝坑畔,置枯骨、礓石於枝間。骨、石,樹性所宜。一層土,一層骨、石,築實之。令沒枝頭寸許。水澆,常令潤澤。既生,又以骨石布其根下,則柯圓枝茂。若孤根獨立,雖生亦不佳。十月天寒，以蒲藁裹纏。不裹則凍死。二月初解放。"①

《瑣碎録》云："種石榴，先鋪一重石子，次鋪沙泥，②又鋪石子。安根，方著根，在其上用泥覆蓋，平地多用大石壓之。"

《水雲録》云："三月移石榴。其栽插，取嫩枝如指大者，斬長一、二尺，枝頭以指甲刮去一、二寸皮，深插於背陰地中，無有不活。若以白榴枝插於紅榴枝上，其花粉紅。粉紅亦另有種。又，臘月二十五日，取嫩枝如小指大者，插肥土中即活，梅雨中亦活。又有種子法：先於樹頭號定向背，霜後摘下，以稀布囊貯之，仍依舊號懸挂通風處。復敲堅細土，篩去瓦石，澆糞數次，收貯缸内，至次年二月初，取家用火盆，鋪土三寸，不得太厚。每隔數寸，按一小潭，納榴子數粒，蓋土半寸許，灑水令濕，置向陽處。候長寸許，每潭揀留一大株。肥水再澆。既長，分種盆内，盆須極小。種不宜深，仍令向陽，日澆數次。有雨即蓋，勿使淋去土味。或以麻餅浸水，當日午澆之，則花茂盛。或云：盆榴無法，只須浸曬。冬間霜下，收回南檐，如土乾時，略將水潤。至春深氣暖，可放石上，翦去嫩苗，勿令高大。盛夏置日中，或曬屋上，免近地氣，致令根長及爲蚓蟻所穴。每朝用米泔水沉没花斛，浸約半時，取出日曬。如覺土乾，又復浸之。殆良法也。"

長佩《花史》曰："榴品不一，必以千葉紅榴爲正。然就千葉中亦自迥别。如吾蘇種則枝葉俱粗，花瓣密綴黃粟，五月盛開，至七、八月花事未闌，較他榴爲特久。有數花攢聚並成一朵者，謂之餅榴。有一花纔謝蒂中更發一花者，謂之臺榴，

----

① "栽石榴法"，原作"種石榴法"；"窠"，原作"棵"；"漏失"，原作"漏汁"；"令没枝頭寸許"小注，原竄入正文。據《要術》改。

② "沙泥"，原作"少泥"，據《瑣碎録》改。

俗呼翻花石榴。又有一種，紅白相間，比常花最巨，謂之瑪瑙榴。總之非京種也。京榴有二種：葉細者枝亦柔，栽翦之即多曲折，而花瓣較粗。粗葉者花特細整，而枝硬直少致。二美實難兼也。近有一種花葉俱細者，從古幹吐奇葩，兼擅其美，稱獨步矣。”

大抵榴不難生息而難培養。插寸枝於土中，灌水即活，不三年成樹；稍失灌溉，蚛即隨之，前功盡失。故養榴之法，無間寒暑，以肥澆爲上，大暑中尤宜頻澆，常令土潤澤，則蚛不生。往寓山中，寓主植榴數本，甚奇古。時三月既望，新綠滿枝，紅英菽發。忽一日，皆掐去。問其故，云是無庸留，留即枝葉冗長，花蕊亦終脱落，必稍遏其生機，迨四月間長新枝，即短茁如老幹，花亦耐久。因悟南人脩之既長，不若北人挫其方萌者之爲得也。

梨

梨，木堅實，枝葉扶疏，高二、三丈。二月中開白花，花較李花而大。有二種，瓣舒者佳，最宜月下，所謂“梨花院落溶溶月”也。《洛陽風土》：“梨花時，人多携酒，曰爲梨花洗妝。”別有紅梨花。司馬溫公詩云：“繁枝細葉互低昂，香敵酴醾艷海棠。應爲窮邊太寥落，並將春色付穠芳。”又曰：“蜀江新錦濯朝陽，楚國纖腰傅薄妝。何事白花零落早，同時不敢鬥芬芳。”八月實始成，外黃內白，脆美香甘，真快果也。

《清異録》謂“梨爲百損黃”。《圖經本草》曰：“梨，種類殊別，醫家相承用乳梨、鵝梨。乳梨出宣城，皮厚而肉實，其味極長。鵝梨出都中及近都州郡，皮薄多漿，味差遜於乳梨，其香則過之。”《衍義》曰：“梨，多食則動脾，唯病酒煩渴人宜食，然終不能卻疾。"魏文帝詔曰:"真定梨,大如拳,甘若蜜,脆若菱,可以解煩熱。"昔楊吉老善醫,有人叩求診視。吉老曰:"君來年當以疽毒死,今氣血凝結,無可解者。"沉思良久,曰:"唯有鵝梨,可往京師多買食之。"是知梨能解毒,豈概謂之百損黃也?

梨亦可釀酒。《癸辛雜識》云:李仲賓家有梨園,一歲倍收,不能盡售。漫用大甕儲數百枚,以缶掩蓋,泥封其口。過半歲,忽聞酒氣,因啟視藏梨,皆化爲水,清泠可愛,竟成佳醖,飲之亦醉。

今廣安州出紫梨,到口即化。遵化縣出綿梨,山東六府並出,其種曰紅消,曰秋白,曰香水,曰鵝梨,曰瓶梨,唯東昌、臨清、武城三處者爲最。而宣城梨國初歲貢五千餘斤,及都北平,尚不輟貢。後言者以河間、遷安梨不減宣城,乞罷之。

《姑蘇志》云:"梨,出洞庭西山者十種:密梨、臨梨、張公梨、白梨、黃梨、消梨、喬梨、鵝梨、大柄金花梨、太師梨。①"又云:"常熟韓丘出者名韓梨,皮褐色,肉如玉,每歲所生不多,價極貴。凡梨削皮切片,不移時變色,唯韓梨經日不變,所以獨貴。②"

《齊民要術》曰:"種梨:以梨熟時全埋經年。至春地釋分栽之,多著熟糞及水。至冬葉落,附地刈殺之,以炭火燒頭。二年即結子。若櫨生及種而不栽者,則著子遲。每梨有十許子,唯二子生梨,餘皆生杜。插者彌疾。插法:用棠、杜。棠,梨大而細理;

---

① "西山",原脫;"密梨",原作"蜜梨";"林梨",原作"臨梨"。據《姑蘇志》補、改。

② "皮褐色"至"獨貴"共三十七字,《姑蘇志》無。

杜，次之；桑，梨大恶；棗、石榴上插得者爲上。① 梨雖活，十收得一、二也。② 杜如臂以上者皆任插。當先種杜，經年後插之，主客俱下亦得，然俱下者杜死則不生。③ 杜樹大者插五枝，小者或二。④ 梨葉微動爲上時，將欲開莩爲下時。先作麻紉，纏十數匝。以鋸截杜，令去地五六寸。不纏，恐插時皮披。留杜高者，梨枝繁茂，遇大風即披。其高留杜者，梨樹早成。然宜高作蒿簞盛杜，以土築之，令没，風時以籠盛梨，則免披耳。⑤ 斜攕竹爲籤，刺皮木之際，令深一寸許。折取梨枝之美而陽中者，陰中枝則實少。長五六寸，亦斜攕之，令過心，大小長短與籤等。以刀微劙梨枝。劙，烏更切。斜攕之際，剥去黑皮。勿令傷青皮，傷即死。拔去竹籤，即插梨至劙處，木還向木，皮還近皮。插訖，以綿幕杜頭，封熟泥於上，以土培覆，令梨枝僅得出頭，以土壅四畔。當梨上沃水，水盡，以土覆之，勿令堅固，⑥百不失一。梨枝甚脆，培土時宜慎之，勿令手掌擦折。其十字破杜者，十不收一。木裂皮開，虛燥故也。梨既生，杜旁有葉，輒去之。不去，勢分，梨長必遲。⑦”

《居家必用》云：“以春分日將旺梨笋作拐樣斫下，兩頭用火燒紅鐵器烙定津脈，栽之入地二尺許。只用春分日，前後一日俱不可。⑧”又云：“梨子最怕凍，安頓暖處。又不宜與酒相近。”

《便民圖纂》曰：“梨，春間下種，待長三尺許移栽。或將

① “棗”、“者”，原脱，據《要術》補。
② “活”，《要術》作“治”。
③ “當”，原作“常”，據《要術》改。“主客”，《要術》作“至冬”。
④ “或二”上，原衍“或三”，據《要術》删。
⑤ “不纏”至“免披耳”小注五十三字，《要術》無。
⑥ “堅固”，原作“堅潤”，據《要術》改。
⑦ “不去勢分梨長必遲”小注，原竄入正文，據《要術》改。
⑧ “只用”至“不可”小注十二字，《居家必用事類全集》(以下簡稱《居家必用》)作“春分前後一日皆不可只春分日可用”，且是正文。

根上發起小科栽之，俟幹如酒杯大，於來春發芽時取別樹生梨嫩條如指大者，截長七、八寸，名曰梨貼。將原幹削開兩邊，插入梨貼，稻草緊縛，不可動搖。月餘自發芽，長大即生梨。梨生，用箬包裹，恐象鼻蟲傷損。洞庭山梨俱用此法。”或云：接梨桑上，生子甘脆。然《齊民要術》獨殿桑梨，似未可盡信。

《爾雅翼》云：“樲梨曰鑽之。① 蓋樲梨爲蜂所喜，被螫，輒不可食，故鑽去之。今人皆就木上大作油囊裹之，梨滋長，大而無傷。”

櫻桃

櫻桃，古名楔桃，一名荆桃，一名朱桃，一名含桃，一名英桃，又名鶯桃。《禮記》曰：“仲夏之月，以雛嘗黍，羞以含桃，先薦寢廟。”《埤雅》云：“爲木多陰，其果先熟。許慎曰：‘鶯之所含食，故曰含桃。’亦謂之鶯桃云。”《圖經本草》曰：“櫻桃，處處有之，而洛中南都最勝。其實熟時，深紅色曰朱櫻，正黃色者曰蠟櫻。極大若彈丸，核細而肉厚者爲難得。食之，調中益氣，美顔色。雖多無損，但發虛熱。”《衍義》曰：“此果三、四月間熟，得正陽之氣，故性熱。”《吳郡志》曰：“自唐已有吳櫻桃之名。今之品高者出常熟縣，色微黃，名蠟櫻者，味尤勝，朱櫻不能尚之。白樂天《吳櫻桃》詩云：‘含桃最説出東吳，香色鮮濃氣味殊。’”

《松江府志》曰：“初熟時，鳥雀群飛就啄，白頭翁尤好食之。”故種此樹者聚作一所，可便料理。或用網覆樹頂，或用

---

① “曰”，原作“日”，據《爾雅》改。

鈴索看護。又，遇雨則皆零落，仍用葦箔遮覆。

　　《齊民要術》曰："此果性生陰地，既入園圃，便是陽中，故多難得生。宜堅實之地，不可用虛糞。①"《便民圖纂》曰："三、四月間，折樹枝有根鬚者，栽於土中，以糞澆之，則活。"八月中亦可分栽。臘月以糞澆灌，再取熱過河泥壅之，方得茂實肥大。《浣花雜志》曰："黃梅雨內插之即活。"

　　《三才圖會》曰："其葉可搗傅蛇毒，亦搗汁服。東行根可殺寸白蟲。"②

---

　　① "難得"下"生"，原脱；"宜"上，原衍"性"；"虛糞"上"用"，原脱。據《要術》補、删。

　　② "三才圖會"，原作"三才圖令"，據《三才圖會》改。"搗汁"、"寸白蟲"，《三才圖會》作"絞汁"、"白寸蟲"。

卷之四

吴郡周文華含章補次

木果部

枇杷

枇杷，葉似琵琶，故名。一名盧橘。唐子西云：“枇杷、盧橘，一也。”而《上林賦》曰“盧橘夏熟”，又曰“枇杷橪柿”，則顯然二物。吳曾引張勃《吳錄》云：“建安郡中有橘，冬月於樹上覆裹之，至明年春夏，色變青黑，味尤絕美。”《魏王花木志》云：①“蜀土有給客橙，亦名盧橘。”乃知枇杷不當冒盧橘之名矣。唯廣人呼盧橘爲枇杷，遂以枇杷爲盧橘。

《圖經本草》曰：“枇杷，木高丈餘，葉作驢耳形，背有毛。其本陰密，枝葉婆娑，②四時不凋。盛冬開白花，至三、四月成實。故謝瞻賦云：‘禀金秋之青條，抱東陽之和氣，肇寒葩於結霜，成炎果乎纖露。’其實作毬如黃梅，③皮肉甚薄，中核

---

① “魏王”，原作“魏主”，據《魏王花木志》説郢本改。
② “枝葉婆娑”，《證類本草》引《圖經》作“婆娑可愛”。
③ “實作”，原誤倒，據《證類本草》乙正。

如小栗。四月采葉暴乾，治肺氣，止渴疾。”

《漳州志》云：“春果已過，夏果未成，此果適熟，故諺有‘枇杷黄，果子荒’之説。”《蘇州志》云：“枇杷，肉厚味甘。或有核者，小如椒，故名椒子枇杷。”

春三月，宜用本色接。按《果經》謂此本初接則核小，再接則無核。《便民圖纂》云：“以核種之即出，待春移栽。①”宜用淋過淡灰壅根。若澆糞，則葉謝本死。

楊梅

楊梅，如楮實，②有紅、紫、白三色，以五月中熟。《圖經本草》曰：“楊梅，亦生江嶺南，其本若荔枝而葉細陰厚，其實生青熟紅，肉在核上，無皮殼。核中有仁，甚香。”王蕆守會稽，童貫患脚氣，或云楊梅仁可療，蕆獻五十石，因擢待制。《忠雅》云：“楊梅，樹不甚高大，實如彈丸，始青中紅終紫，味酸而甜，多生包山等處，江南佳果也。”楊州有一種白者，土人呼爲聖僧梅。張司空言：“地瘴生楊梅。”恐非至論。

《吴邑志》曰：“楊梅爲吴中名品，出光福山。銅坑第一，聚塢次之。洞庭所産尤多。唯宜醃以行遠，其他蜜漬、礬收、火熏、糖浸，皆有法。”

《西湖游覽志餘》曰：“楊梅，諸山多有之，而烟霞塢、東墓嶺、十八澗、皋亭山者，肉鬆核小，味尤甜美。閩廣人盛稱荔枝無物可比，或以西涼蒲萄當之，然總不若吴越楊梅也。可正平詩云：‘五月楊梅已滿林，初疑——價千金。味方河朔蒲

---

① “春”，原作“長”，據《便民圖纂》改。
② “楮”，原作“褚”，據上下文義改。按，楮，一名穀，又名楮桑、穀桑。楮實，一名穀實。

萄重，色比瀘南荔子深。'則古人已有舉而方之矣。"①

《便民圖纂》云："六月間糞池浸核，取出收盒。二月鋤種，待長尺許，次年三月移栽。三、四年後接以別樹生子枝條，復栽山地，多留宿土。臘月開溝於根旁高處，離四、五尺許，以灰糞壅之，不宜著根。每遇雨，肥水滲下，則結子肥大。"

楊梅種宜山地，平土雖可移植，子小不肥，結亦甚少。或云：以青石屑拌黃土種之，糞以羊矢，則盛。又云：桑上接楊梅，生子不酸。樹或生癩，以甘草釘之。

奈林檎、蘋婆附

奈，俗名花紅。晉成帝時，三吳女子相與簪白花，望之如素奈，謠言天公織女死，爲之著服。則奈花當白色，而南土花紅花作粉紅，黃精、鉤吻，豈是耳鑒耶？別有一種曰林檎，一名來禽。洪玉父云："以其味甘，來眾禽也。"王右軍有《來禽青李帖》，而周興嗣所編《千字文》亦云"果珍李奈"，則奈與李俱非常品。《本草》曰："林檎，味酸、甘，溫。不可多食。"其樹似奈，其形圓，亦如奈。陳士良云：②"此有三種：長大者爲奈；圓者林檎，夏熟；小者味澀，爲梣，秋熟。"《本草》又曰："奈，味苦，寒。多食令人臚漲，病人尤甚。陶隱居云：'江東乃有，而北地最豐，皆作脯，不宜人。③ 有林檎相似而小，亦

---

① "西湖游覽志餘"，原作"西湖游覽志"。按，明田汝成著有《西湖游覽志》二十四卷、《西湖游覽志餘》二十六卷，《圃史》所引《西湖游覽志》，皆係《西湖游覽志餘》，以下徑改，不注。"可正平"，原作"柯正平"，《文淵閣四庫全書》本作"何正平"。按，僧祖可，俗蘇氏，字正平，丹陽人，江西詩派詩人，時人稱可正平。

② "陳士良"，原作"陳士奇"，據《本草品彙精要》改。

③ "江東"、"北地"，《證類本草》作"江南"、"北國"。

恐非益人也。’”《齊民要術》曰："奈有白、青、赤三種。張掖有白奈，酒泉有赤奈。西北方多奈，家家作脯數十百斛以爲蓄積，如收藏棗栗。作奈脯法：於奈熟時，中破，曝乾即成。"《王氏農書》曰："奈與林檎形相似也，氣味相近也。然奈性寒，林檎性溫，則有不同。"

　　按《洛陽花木記》："林檎之別有六：蜜林檎、花紅林檎、水林檎、金林檎、操林檎、轉身林檎。奈之別有十：蜜奈、大奈、紅奈、兔鬚奈、寒毬、黃寒毬、蘋蒱、①海紅、大楸子、小楸子。"今吳下總名花紅，不知林檎與奈何別。花紅以二月開花，花如海棠，結子至六月中熟，有極大者，甘鬆可食。《吳郡志》云："蜜林檎，實味極甘如蜜，雖未大熟，亦無酸味。本品中第一，北都尤貴之。② 他林檎雖硬大，且醋紅，亦有酸味，鄉人謂之平林檎，或曰花紅林檎。皆在蜜林檎之下。"然則花紅之名在宋已然矣。

　　《蘇州志》云："好事者以枝頭向陽未熟時，翦紙爲花鳥，貼其上，待紅熟乃去紙，則花紋燦爛，入盤釘可愛。"

　　《便民圖纂》云："花紅，將根上發起小條臘月移栽。"然此木非接不結。接用本色，二月、八月皆可接。其樹多蟲。有蛀，蛀屑即爲蟲穴，時時以鐵綫鈎取，用百部或杉木釘塞其竅。生毛蟲，則以魚腥水潑根，或埋蠶蛾於地下。別有金林檎，花尤勝，而實比花紅爲最小，熟亦最遲。

　　《吳郡志》云："金林檎，以花爲貴。紹興間自南京得接頭，③至行都禁中接成。其花豐腴艷美，百種皆在下風。始

---

① "蘋蒱"，《洛陽花木記》作"頻婆"。
② "味極甘"上"實"，原脫，據《吳郡志》補。"北都"，《吳郡志》作"行都"。
③ "自"，原作"有"，據《吳郡志》改。

時折賜一枝,惟貴戚諸王家方得之。其後流傳至吳中,今所在園亭皆有此花,雖多而貴自若。亦須至八九月始熟,是時已無夏果,人家亦以飣盤。"此花知者以爲金林檎,而不知者以爲西府海棠也。

若蘋蒲,則出北直、山東等處,其味甘香細膩。《山東通志》云:"林檎,出章丘、益都,兗亦有之。有甘、酢二種,甘者早熟,酢者差晚。"又云:"蘋婆,大如柑橘,色青,山東多有之。亦曰苹坡、蘋婆。"夏初亦未可啖,秋深味全。別有呼剌賓、沙果,皆其類也,而形味差減。

榛

榛,叢生,葉如麻而闊大。四月花開,色白如栗花。結實作毬,毬中有核,即榛也。核中有仁,白色,甘味。本出北地,今吳中園圃間有之。

《齊民要術》曰:"《周官》曰:'榛,似栗而小。'"《說文》曰:"榛,似梓,實如小栗。"《衛詩》曰:"山有蓁。"《詩義疏》云:"蓁,栗屬。或從木。有兩種:其一種大小枝葉皆如栗,子形似杼子,味亦如栗,所謂'樹之榛栗'者。其一種枝莖如木蓼,葉如牛李色,生高丈餘,其核中悉如李。[①]生作胡桃味,膏燭又美,亦可食啖。漁陽、遼、代、上黨俱饒。其枝莖生樵,爇燭,明而無烟。栽種與栗同。"按賈説,後一種即今所謂榛子也。

《爾雅翼》曰:"鄭注《禮》云:[②]'榛,似栗而小,關中鄜坊

---

① "其核中悉如李",《要術》作"其殼中如小栗"。
② "禮",原脱,據《爾雅翼》補。

甚多，然則其字從秦，蓋此意也。'《邶詩》曰：'山有榛，隰有
苓。① 云誰之思？西方美人。'《旱麓》之詩曰：'瞻彼旱麓，榛
楛濟濟。'説者以榛可爲贄，爲文事；楛可爲矢，爲武事。是不
然，榛楛皆用之武事。《説文》：'榛，木也。一曰蓁也。'《春秋
傳》所謂'致師者，左射以蓁'。蓁，蓋矢之善者。《傳》云：'女
贄，不過榛、栗、棗、脩。②'則又兩者皆可用。"

《本草》曰："榛子，味甘，平，無毒。主益氣力，寬腸胃，令
人不饑，健行。生遼東山谷。樹高丈許，子如小栗，軍行食之
當糧。中土亦有。"

葡萄

葡萄，胡種。漢武帝使張騫至大宛，携歸，於離宮別舘盡
種之。有黃、白、黑三種。《圖經本草》云："葡萄，生隴西五原
敦煌山谷，今河東及近京諸郡皆有。苗作藤蔓而極長大，盛
者一二本，綿亙山谷。花極細，黃白色。其實有紫、白二色，
而形有圓、鋭二種。又有無核者。七八月熟，取其汁，可以釀
酒。魏文帝詔云：'醉酒宿醒，掩露而食。甘而不䭔，酸而不
酢，冷而不寒，除煩解悁。他方之果，寧有匹者？'"

今有二種，紫者名馬乳，白者名水晶。《吳邑志》云："葡
萄，熟時紫黑，有漿。然其顆不大，又雜以青紅，江南產終不
如北。"

《農桑撮要》云："二月插葡萄。先於去年冬間截取藤枝
旺者，約長三尺，埋窖於熟糞內。候春間樹木萌芽時取出，看

---

① "隰有苓"，原脱，《爾雅翼》亦脱，據《毛詩注疏》補。
② "脩"，原作"修"，據《爾雅翼》改。

有芽生，以藤扦蘿蔔內栽之，①埋二尺在土中。生根，留三五寸在土外，苗長蔓延，作架承之。須以煮肉肥汁放冷澆灌，②三日後以水解之。旱則輕鋤根旁，沃以清水。至結子時剪去繁葉，使受夜露。③冬月收藤，用草包護。二三月間皆可插栽。"

《癸辛雜識》云："正月將盡，取葡萄枝長四五尺者，卷爲小圈，④令緊。先治地，令土肥鬆。種之，止留二節在外。異時春氣發動，衆萌盡吐，而土中之節不能條達，則盡萃華於出土之二節。⑤不二年，成大棚，大如棗而多液。"

《居家必用》云："栽葡萄於棗樹邊，於春間鑽棗樹作一竅，引葡萄枝入竅內，透出。伺二三年，其枝長大，塞滿，斫去葡萄根，托棗爲生。其實如棗。復用麝香入其根皮，以米泔和黑豆汁澆，更有香味。⑥"

元遺山《葡萄酒賦序》云："劉光甫爲予言，安邑多葡萄，而人不知有釀酒法。少日常摘其實，並米炊之，釀雖成而不佳。貞祐中，鄰里一民家避寇，自山中歸，見竹器所貯葡萄在空盎中者，枝蒂已乾而汁留盎中，薰然有酒氣，飲之，良酒也。蓋久而腐敗，自然成酒，不傳之秘，一朝而發之。予亦嘗見還自西域者云：'大石人絞葡萄漿，封而埋之，未幾成酒，愈久愈

---

① "栽之"，原脱，據《農桑撮要》補。
② "肉"，原作"熟"，據《農桑撮要》改。
③ "至"至"夜露"共十二字，《農桑撮要》無。
④ "圈"，《癸辛雜識》作"圍"。
⑤ "萃華"，原作"瘁英華"，據《癸辛雜識》改。
⑥ "於春間"至"香味"共六十一字，《居家必用》作"春間鑽棗樹作一竅引葡桃枝從竅中過伺葡桃枝長塞滿竅子斫去葡桃根以生其肉實如棗葡桃用米泔水澆"。

佳,有藏至千斛者。'其説正與此合。"

岳季方云:"《西陽雜俎》、《白氏六帖》皆載葡萄由張騫自大宛移來。"按《本草》已具《神農》九種。當塗熄火,去騫未遠,而魏文之詔實稱中國名果,不言西來。自唐以前無此論。乃知大宛之種必與中國異,故博望取之。比戍酒泉,嘗販胡之乾名瑣瑣,比中國者差小,形圓而色正赤,甘美,非中國可敵,則予所見庶或得之。張芳洲亦有詩:"聞道乘槎客,相携到漢庭。何緣嘗草日,先自入醫經。"瑣瑣葡萄,形甚細,如胡椒大,出土魯番,性熱,可發痘疹。蓋葡萄之別種耳,亦云蒲萄。

銀杏

銀杏,葉似鴨脚,古名鴨脚樹。《菽園雜記》曰:"銀杏,實如杏,而核中有仁,可食,故曰仁杏。今云銀杏,似是而非。①"一名公孫樹,言公種而孫始得食。北人稱爲白果,南人亦呼之。吳俗皆稱靈眼,又稱白眼。其木高大,多歷年歲,或至連抱。其木理最細,用作園亭顏額甚雅,摹刻名書不失筆法。其花夜開晝落。實大如枇杷,每一枝有百十顆,八九月熟。積而腐之,惟取其核,即銀杏也,核白肉青。煨熟食之,甘香可人,能收小便,令不數,亦易飽。仍有粳、糯之分,糯者肥軟香滑,粳者不堪食。

歐陽公詩云:"鴨脚生江南,名實未相浮。絳囊因入貢,銀杏貴中州。"又云:"始摘纔三四,歲久子漸多。"梅聖俞詩云:"北人見鴨脚,南人見胡桃。識內不識外,疑若橡栗韜。

---

① "似是而非",《菽園雜記》作"是似而非"。

鴨脚類緑李，其名因葉高。”則知是果之見重自宋始矣。

其木有雌雄，雄者不結實。《瑣碎録》云：“雄者三棱，雌者二棱，須合二種臨池栽之，照影即生。”或將雌樹鑿孔，以雄木填之，無不結實。

《農桑撮要》曰：“二月，於肥地用灰糞種之，候長成小樹，次年春分前後移栽。栽時，連土用草包或麻纏束，方始易活。”若接，即用本色。

此果性寒，不宜頻食，小兒食多者死。或云：食銀杏遇毒腹脹，連飲冷白酒幾盞，吐出則愈，不吐則死。

棗

棗，樹高二三丈，木堅實，可刻字，勝於梨木，爲書坊之用；而紋理極細，每刻人物畫像必需之。葉細而有光，四五月開細白花，甚香。結實，長可二寸許，亦有上狹下闊如壺形者，八月而熟，味甘，《詩》云“八月剥棗”是也。《埤雅》云：“棗，實未熟，雖擊不落；已熟，不擊自墮。”

《筆談》曰：“棗與棘相類，皆有刺。棗獨生，高而少橫枝；棘列生，庳而成林。① 以此爲別。其文皆從朿，音刺，木芒刺也。朿而相戴，立生者棗也；朿而相比，橫生者棘也。”

《圖經本草》曰：“大棗，乾棗也。棗並生河東，② 今近北州郡皆有，而青、晋、絳州者特佳，江南出者堅燥少脂。棗之類最多。郭璞注《爾雅》‘有棗，③ 壺棗’云：‘今江東呼棗大而銳上者爲壺。壺，猶瓠也。’有邊，腰棗。云：‘子細腰，今謂之

---

① “庳”，原作“痺”，據《梦溪筆談》改。
② “棗”上，《證類本草》引《圖經》有“生”字。
③ “有”下“棗”，原脱，據《爾雅注疏》補。

鹿盧棗。'有櫅，①白棗。云：'即今棗子，白乃熟。'有樲，酸棗。云：'木小實酢者。'有遵，羊棗。云：'實小而圓，紫黑色，俗呼羊矢棗。'楊徹，齊棗。云：'未詳。'②有洗，大棗。云：'今河東猗氏縣出，大如雞卵。'有煮，填棗。云：'未詳。'有蹶泄，苦棗。云：'味苦者。'有晳，無實棗。云：'不著子者。'有還味，棯棗。③云：'還味，短味也。'今園圃皆種蒔之，亦不能別其名。又其極美者，則有水菱棗、御棗之類，皆不堪入藥。蓋肌實輕虛，暴服之則枯敗。唯青州之種最佳，蓋晉、絳實大，④不及青州者之肉厚，相傳爲樂毅來齊所種，又名樂氏棗。"

　　按，今鮮棗，吳越通謂之白蒲棗。其乾者率自河南、山東等處來，有大棗、紅棗、膠棗，或蒸熟，或生致，或熟而捻去其皮，惟大棗尤多。密雲棗核細形小，紹興出南棗，甘膩似密雲而形長大，南都姚坊門棗最有名，皆棗中之佳品也。

　　種法：選味好者春間種之，候葉始生而移栽。棗性硬，故生晚，栽早者生遲也。三步一樹，行欲相當。地不耕也。欲令牛馬踐履，令淨。棗性堅強，不宜苗嫁。若耕，荒穢則蟲生，須淨。地堅饒實，故宜踐也。元旦日出時反斧班駮槌之，名曰嫁棗。不槌則花而無實，斫則子萎而落也。候大蠶入簇，以杖擊其枝間，振去狂花。不打，花繁而實不成。

　　全赤即收。收法：日日撼而落之爲上。半赤而收者，肉未充滿，乾則色黃而皮皺。將赤，味亦不佳。全赤久不收，則皮硬，復有烏雀

----

① "櫅"，原作"擠"，據《爾雅注疏》改。
② "楊徹齊棗云未詳"，《爾雅注疏》置於"有遵羊棗"上。
③ "棯"，原作"捻"，據《爾雅注疏》改。
④ "蓋"，《證類本草》作"雖"；"實大"，《證類本草》作"大實"。

啄之之患。

曬棗法：先治地，令淨。有草萊，令棗臭。布橡於箔下，置棗於箔上，以扒聚而復散之，一日中二十度。夜仍不聚。得霜露氣速成，陰雨時乃聚而苫蓋之。五六日後，別擇去紅軟者，上高廚而暴之。廚上者已乾，雖厚一尺亦不壞。擇去脎爛者。脎，溥江切。脎者永不乾，留之徒污棗。其未乾者曬暴如法。

《便民圖纂》曰：“棗，將根上春間發起小條移栽，俟幹如酒鍾大，二月中以生子樹貼接之，則結子繁而大。①”

昔秦饑，應侯請發五苑之果蔬橡棗栗以活民。孔融爲東萊賊所攻，治中左承祖以官棗賦戰士。我太祖高皇帝令民種桑棗，不種者有罰，亦以備凶荒之用云爾。

栗

栗，四月開花，其花與他花特異，枝間綴花，長二三寸許。山人云：俟其落收之，點火，風雨不滅。《圖經本草》曰：“栗，生山陰。”今處處有之，而兗州、宣州者最勝。木極類櫟，花青黃色，似胡桃花。實有房，彙若拳，中子必三五；小者若桃李，中子唯一二。將熟，則罅坼子出。

凡栗之種類亦多。栗房當心一子謂之栗楔，治血尤效。果中栗最有益，治腰腳，宜生食之，仍略暴乾，去其木氣。惟患風水氣，不宜食，以其味鹹故也。

《衍義》曰：“栗，欲乾莫如曝，欲生收莫如潤。沙中藏至春末夏初，尚如新收。小兒不可多食。生者難化，熟即滯氣、隔食、生蟲，往往致病。所謂補腎氣者，以其味鹹，又滯其氣

---

① “發起”上，原脫“春間”；“二月中”，原作“三月終”。據《便民圖纂》補、改。

耳。"《爾雅翼》云："有患足弱者,坐栗木下,多食之,至能起行。"《日用本草》云："嚼生者塗瘡及箆刺不出。"

《吳郡志》曰："頂山栗,出常熟縣頂山,比常栗甚小,①香味勝絕,號麝香囊,以其香而軟也。微風乾之尤美。每歲所出極少,土人得數十百枚,則以彩囊貯之,餽送佳客。此栗與朔方易州栗相類,但易栗殼多毛,頂栗殼瑩淨耳。"

《瑣碎錄》云："栗,采實時要得披殘其枝,明年益盛。"又云："炒栗,須染油手指,逐枚揩之,則膜不沾肉。"

風栗法:曬乾,置麻布袋中或竹籃內,懸當風處,常常簸弄之,久之,極清甘,有風味。

《齊民要術》云："栗,種而不栽。栽者雖生,尋死。② 栗初熟,出殼勿令見風,即於屋內深埋濕土。若路遠,以韋囊盛之,停二日以上。及見風者,則不復生矣。③ 至春三月芽生,④出而種之。既生,數年不用掌近。凡新栽樹皆然,惟栗尤甚。⑤ 十月天寒,以草裹之,二月乃解。"

《便民圖纂》云："栗,臘月及春初,將種埋濕土中,待長六尺餘移栽。二三月間,取別樹生子大者接之。"尤宜以櫟樹接。或云:與橄欖同食,作梅花香味,宋人呼爲梅花脯。

胡桃

胡桃,一名核桃,又名羌桃。《博物志》曰："張騫使西域

---

① "常熟縣"下"頂山",原脫;"甚小",原作"獨小"。據《吳郡志》補、改。
② "栽者雖生尋死"小注,原竄入正文,據《要術》改。
③ "若路遠"至"不復生矣"小注共二十二字,原竄入正文,據《要術》改。
④ "三月",原作"二月",據《要術》改。
⑤ "凡新栽樹皆然惟栗尤甚"小注,原竄入正文,據《要術》改。

還,得胡桃。"實圓而青,如銀杏,剖之,乃得核。核內有肉,白
色;肉外有膜,黃色。有小者、大者,有脫肉、不脫肉者。味脆
美,與榛子相近,蓋佳果也。《圖經本草》曰:"胡桃,生北土,
今陝、洛間多有之。大株,厚葉,多陰。實亦有房,秋冬時熟,
采之。性熱,不可多食。初,張騫植之秦中,後漸生東土。"

《本草》曰:"胡桃,味甘,平,無毒。食之令人肥健,潤肌,
黑髮。多食利小便,能脫人眉。外青皮染髭及帛,皆黑。其
樹皮可染褐。其木春斫,皮中出水,承取沐頭,至黑。"

《忠雅》曰:"力能銷銅。"今試以其肉和錢同嚼,錢亦可
咽。又曰:"胡桃入火中燒半紅,埋灰中,經三五日不爐。"

《山東通志》云:"胡桃,出濟、兗、青三郡,青州者為佳。"
今商賈販鬻悉從彼。焙乾,頗能致遠。吳中園圃間亦有之。

樹亦易長,高至三五丈。下種可出,數年乃生。《水雲
錄》曰:"種核桃,將桃平埋土中即生。若以尖縫向上,則水浸
仁壞,不生。接用本色。"

別有山核桃。《八閩通志》云:"山核桃,木高數丈,葉翠
如梧桐,其實堅。《三輔黃圖》謂之萬歲子。"《北戶錄》曰:"山
胡桃,皮厚,底平,狀如檳榔。"

又,占卑國出偏核桃,形如半月狀。波斯人取食之,絕
香美。

柿

柿,木實根固,葉大而肥,似山茶葉。四月結實,花綴實
臍,或紅或黃,甘涼可食。其品不一。《姑蘇志》云:"柿,出常
熟東鄉者,名海門柿。出虞山,蒂正方,色如鞓紅者,為方蒂
柿。"九月中,皮黃即摘下,以漸自熟。慮將熟時有白頭翁來

啄，如必欲久留樹上，用箬包裹。

《聞見後録》云："種柿有七絶：一壽，二多陰，三無鳥巢，四無蟲蠧，五霜葉可愛，六嘉實，七落葉肥大。[①]"又，柿葉多蜎，而枯葉則潤澤，古人取以臨書。

《歸田録》云："唐、鄧間多大柿。其初生澀，堅實如石，凡百十柿以一榠樝置其中，榲桲亦可。則紅熟而味極甘。"《食經》曰："以灰汁澡柿再三，度乾，令汁絶，著器中，經十日可食。"《瑣碎録》云："紅柿摘下未熟，每籃置木瓜兩三枚，柿無澀味。"

《山東通志》云："柿餅，出青州。柿以大方名，蓋肖形也。又有名圓蓋柿者。青人取之，製爲餅，漸生霜。"《王氏農書》："作柿乾法：生柿搌其厚皮，捻匾，向日曝乾，内於瓮中。待柿霜俱出，可食，甚涼。其霜收之，甘涼如蜜，可醫口瘡及咽喉熱積。"

《圖經本草》曰："柿不可與蟹同食，令人腹痛作瀉。別有一種椑柿，葉毛，實青黑，所謂'梁王烏椑之柿'是也。八月收柿漆，每柿子一升，搗碎，用水半升，釀四五時，榨取漆，令乾，添水再取，亦得，可供做傘之用。"

《便民圖纂》云："冬間下種，待長，移栽肥地。接用椑柿，[②]接及三次，則全無核。接桃枝則成金桃。"今按，佳種核自少，不須接。然金桃亦別自有種，不必柿本接也。

---

① "一壽"至"肥大"共二十六字，《聞見後録》作"種柿有七絶一有壽二多陰三無禽巢四無蟲蠧五有嘉實六其本甚固七霜葉紅可玩也"。

② "接用椑柿"四字，《便民圖纂》無。

橘柚、柑附

牛僧孺《幽怪録》:有生異橘者,①摘剖之,有四老人焉。其一曰:"橘中之樂,不減商山,恨不能深根固蒂耳。"由是有"橘隱"名。楚屈原作《離騷》,其《橘頌》一章有曰:"后皇嘉樹橘徠服,受命不遷生南國。②"宋謝惠連《橘賦》亦曰:"園有嘉樹,橘柚煌煌。"以是知橘實佳物,昔人所愛慕若此。孔安國曰:"小曰橘,大曰柚。"郭璞亦云:"柚,似橙而大於橘。③"溫無柚,而種橙者少,非土所宜也。《本草》載:"橘柚,味辛,溫,無毒。主去胸中瘕熱,利水穀,止嘔欬。久服通神,輕身長年。"陶隱居云:"此言橘皮之功效若此,④其實之味甘酸,食之多痰,無益。"其說爲是。隱居不敢輕注《本草》,蓋此類也。

今橘柑出南中,閩、粵、吳、楚,在在有之,具載《圖經》、《譜録》。其種極多,兹不能盡述,姑就所經見者疏其品類。

一名沙橘。《録》云:"取細而甘美之稱。或曰種之沙洲之上,地虛而宜於橘,故其味特珍。"其狀魁梧,上尖下闊,宛似壺形,與柑不殊而得橘名。皮肉香甘,皆可啖,風味特遠。往時此種絶少,今乃盛行。葉大如掌,遇霜易枯,嗅之亦不甚辣,與波斯海紅相似而實不同。

一名波斯橘。壅腫如波斯,⑤其樹葉形狀悉類沙橘。多

---

① "異",原作"於",《文淵閣四庫全書》本《橘録》亦作"於",據《植物名實圖考長編》引《橘録》改。

② "徠",原作"采",《文淵閣四庫全書》本《橘録》亦作"采"。"后皇"二句,《楚辭集注》作"后皇嘉樹橘徠服兮受命不遷生南國兮"。

③ "似",原作"以",《説郛》本亦作"以",據《橘録》改。

④ "效",原脱,據《橘録》補。

⑤ "波斯"下,疑脱字。

漿而味苦，擘之，亦不香。近有傳盛氏龍泉橘，來者以爲異，嘗之即波斯橘耳。此種江右最多，又呼撫州橘。

一名匾橘。《姑蘇志》云："此橘出吳江縣，村落間多種之。實最大，以其形匾，故名。[1]"今按，匾橘隨地皆有，獨吳縣諸山所產味甘。有極大者，皮薄肉美，中可容一指，故又名穿心橘。宜於早食，久藏則漿少。

一名蛻花甜。枝葉繁碎，形巨肉甘，皮黃如蠟，光澤可愛。花落後即堪啖，故得名。然亦須霜後味始全美。此果耐久可蓄，人多重之。《姑蘇志》云："蛻花甜、早紅橘，[2]其品稍下。"似不盡然。

一名南橘。枝葉似蛻花甜，形狀又類襄橘，但色紅形大，皮薄易潰，味亦甘美，品在襄橘上。

一名衢橘。產於衢州府之西安縣，他邑皆無。形甚巨，皮光，色正黃，味極甘香。吳下盛行，品價增貴，性亦易潰。取其核種於他土，便不若本產之佳。

一名襄橘。令園圃多植之，[3]種自襄陽傳來，故名。然亦有不同者。有皮厚而麻，形巨味美；有皮薄而光，形小味劣。樹皆易植，果亦耐久，善藏者二三月，出之如新。

一名香橘。與襄橘相似，剖之，有一種芳香之氣，味亦甘清，自與襄橘不同。

一名早紅橘。皮黃，味酸，早熟。亦有大如匾橘者。

一名貢橘，即今所謂福橘。皮薄，色紅，肉最甘香。本出閩地，八郡皆產，獨福、漳來者爲最。上供之餘，隨以售人。

---

[1] "村落"下"間"，原脫；"實最大"，原脫。據《姑蘇志》補。

[2] "橘"，原脫，據《姑蘇志》補。

[3] "令"，疑當作"今"。

載至吳中，藏貯甚艱，多致濕爛。獨難於無斑痕，其價甚昂，往嘗有一枚易數文者。近吳縣洞庭有漆碟紅，疑即此種。其美而巨者，遂能亂真，由是福橘之價亦頓減矣。

一名蜜橘。皮薄，色黃，其甘如蜜，擘開甚香。其枝條特長，衆葉攢之而上，圃中最易辨識，亦佳種也。然有二種：一皮麻味酢，一皮光味甘。其品較然。

一名麻塘南。形似蜜橘，其色正黃而有麻點，比蜜橘稍長。早熟，味甘。蜜橘瓤厚，此橘瓤薄而漿尤多，性亦易潰。

一名小沙橘。形長，皮薄，色綠轉紅，柄間臃腫，味甘而清，稍淡。相傳爲昆山俞氏種。或指爲綠橘，或又指爲衢橘，皆非也。其枝葉卷起，與南橘相近而特覺疏朗。

一名甜瓶橘。形長，皮薄，其瓤可數也。色紅，味甘。每顆六瓤，多或七瓤，核亦甚少。此誠佳品。又名糖罐，又直呼之爲六瓤頭。

一名甜橘。形長，皮薄，色紅，皮肉相懸，氣味鮮美。早熟，亦可久藏，與貢橘相近。

一名朱橘，又名染血，俗呼鱔血塘南。皮比支柑尤紅而色光澤，味甘，多核，品在支柑之上，與柑橘相似。

一名支柑。皮紅而色燥，味頗酸。枝葉疏爽，籬落間及樽俎上，燦然可愛。其味則劣。又名豬肝。

一名黃塘南。形小，色黃，結子甚繁，有一枝而數百實者，望之可愛。味酢，易潰。自衢州來，俗名小衢橘，亦必彼產爲甘。在松江則名椒橘，以其香似椒也。

一名龍泉橘。形如蛻花甜，稍大而圓，皮色黃澤如蠟。衆橘未熟，此種先黃。瓤肉厚而味頗酢，未爲佳品。

《橘錄》載有九法：一曰種治。柑橘宜斥鹵之地。凡圃之近塗泥者，實大而繁，其味尤珍，耐久不損，名曰塗柑。販而遠適者遇塗柑則爭售。方種時，高者畦壠，溝以泄水，每株相去七八尺。歲四鋤之，薙盡草。冬月以河泥壅其根，夏時更溉以糞壤，其葉沃而實繁者，斯爲園丁之良。

二曰始栽。取朱欒核洗淨，下肥土中，一年而長，名曰柑淡。其根荄蔟蔟然，明年移而疏之。又一年，木大如小兒之拳，遇春月乃接。取諸柑之佳與橘之美者經年向陽之枝以爲貼，去地尺餘，鋸截之。剔其皮，兩枝對接，勿動搖其根。撥掬土實其中以防水，箬護其外，麻束之。緩急高下俱得所，以候地氣之應。接樹之法已載於前，是蓋老圃能之。工之良者，揮斤之間，氣質隨宜，[1]無不活者。過時而不接，則花實復爲朱欒。人力之有參於造化每如此。

三曰培植。樹高及二三尺許，翦其最下命根，以瓦片抵之，安於土，雜以肥泥，實築之。始發生，命根不斷，則根迸於土中，[2]枝葉乃不茂盛。

四曰去病。木之病有二，蘚與蠹是也。[3] 樹稍久，則枝幹之上苔蘚生焉。不去則蔓衍日滋，木之膏液蔭蘚而不及枝也，故幹老而枯。必用鐵器時刮去之，删其繁枝之不能華實者，以通風日，以長新枝。木間時有蛀屑流出，必有蟲蠹。視其穴，以鉤索之，仍用杉木作釘，以室其孔。不然則木心受病，日以凋零，[4]異時作實，未能全美。柑橘每先時而黃者，

----

① “宜”，《橘録》作“異”。

② “土”，原作“上”，據《文淵閣四庫全書》本、《説郛》本、《植物名實圖考長編》輯本《橘録》改。

③ “蘚”，原作“癬”，據《橘録》改。

④ “日以凋零”，《植物名實圖考長編》作“日久枝葉自凋”。

皆其受病於中，治之不早故也。

五曰澆灌。圃中貴雨暘以時。旱則堅苦而不長，雨則暴長而皮多坼，或瓤不實而味淡。必溝以泄水，俾毋浸其根。方亢陽時，抱瓮以潤之，糞壤以培之，則無枯瘁之患。

六曰采摘。歲當重陽，色未黃時，有采之者，名曰摘青。舟載之江浙間。青柑固人所樂得，然采之不待其熟，此巧於商者，間或然爾。及經霜之二三夕纔盡翦。遇天氣晴霽，數十輩爲群，以小翦就枝間平蒂斷之，輕置筐筥中。護之宜謹，懼其香霧之裂則易壞，霧之所漸者亦然。① 亦尤畏酒香，凡采者竟日不敢飲。

七曰收藏。采藏之日，先淨掃一室，密糊之，勿使風入。布稻稿其間，堆柑橘於地上，屛遠酒氣。旬日一翻揀之，遇有微損，即時揀去，否則侵損附近者，寧屢汰去，以待賈，十或僅存五六。人有掘地作坎，攀枝條之垂者，覆之以土，至明年盛夏時開取，色味猶新，但傷動枝條，有妨次年生意耳。

八曰製治。朱欒作花，比柑橘絕大而香。就樹采之，用箋香細作片。以錫爲小甑，每入花一重，則入香一重，②使花多於香。竅花甑之旁以溜汗液，用器盛之。炊畢即撤甑去花，以液浸香。明日再蒸，凡三換花，始暴乾，入瓷器密盛之。③ 他時焚之，如在柑林中。柑橘並金柑皆可切瓣去核，漬之以蜜，絕佳。④ 鄉人有用糖燉橘者，謂之藥橘。入箬之灰於鼎間，色乃黑，可以將遠。又，橘微損，則去皮，以瓤安竈

① “亦然”，原脱，今據《橘錄》補。
② “入”，《橘錄》作“實”。
③ “密”，原作“蜜”，據《橘錄》改。
④ “瓣”、“漬”，原作“瓢”、“潰”，據《橘錄》改。

間，用火熏之，曰熏柑。或更置糖蜜中，味亦佳美。

九曰入藥。橘皮最有益於藥，去盡脈則爲橘紅，青橘爲青皮，皆藥之所須者。大抵橘皮性溫平，下氣，止蘊熱，攻痰瘧，服久輕身；至橘子尤理腰膝。近時難得枳實，人多植枸橘於籬落間，收其實，剖乾之，以和藥，味與商州之枳幾逼真矣。枸橘又未易多得，取朱欒之小者，半破之，日暴以爲枳，異方醫者不能辨，用以治疾，①亦愈。藥貴於愈疾而已，何必辨其真僞耶！

柚，枝葉扶蘇，結實最巨，有如小斗者。肉有紅、白二種。其紅者味甘酸如楊梅，極有風味。近沈雙槐爲福州守，携歸吳中，錄其核種之，十年乃生，形雖偉，而味頗酢。白色者不足貴，亦可藏至二三月間，以其少，故珍之。

柑類亦多，其名少異。《橘錄》云：“凡圃之所植，柑之比橘纔十之一二。大抵柑之植立甚難，灌溉鋤治少或失時，至歲寒霜雪，②柑之枝頭殆無生意，橘則猶故也。得非瓊杯玉斝自昔易闕邪？永嘉宰勾君燾有詩聲，③其詩曰：‘只須霜一顆，壓盡橘千奴。’”則黃柑位在陸橘之上，④不待辨可知。

一名朱柑，又名猪肝，又名支柑。皮紅而色燥，⑤味頗酸。枝葉疏爽，籬落間、樽俎上燦然可愛，入口則劣。

一名濕柑。形巨而圓，皮黃，味甘酸，有風韻，可以作湯及丁。

---

①　“治疾”上，原衍“之”字，據《橘錄》删。

②　“灌溉”至“霜雪”共十三字，《橘錄》作“灌溉鋤治少失時或歲寒霜雪頻作”。

③　“勾燾”，《橘錄》作“勾熹”，《宋史新編》作“勾濤”。

④　“陸橘”，原作“陸吉”，據《橘錄》改。

⑤　“皮”，原作“支”，形誤，徑改。

一名乾柑。形長，皮純緑轉黃，比濕柑差小，漿少味淡，疑即古之木柑。

一名紅柑。皮粗葉大，掐之有臭氣，比大香欒枝柯軟弱，外黃内紅，味甘酸，藏之愈久愈佳。

一名金柑，又名金橘。樹本婆娑，葉細如黃楊。須接或過枝而生，無直脚者。此柑在橘中最細，形如彈大，其肉酸而皮味芳香甘美。柑橘皆以瓤，此獨以皮；柑橘皆以四月開花，此獨以五六月；柑橘皆以小雪前後采摘，此獨俟其將熟即采爲佳，稍遲遇風雨，則忠裂味失矣。①《歸田録》云："金橘，産於江西，以遠難致，都人初不識。明道、景佑初，始與竹子俱至京師。竹子味酸，②人不甚喜，後遂不至。唯金橘香清味美，③置之樽俎間，光彩的皪，如金彈丸，誠珍果也。都人初不甚貴，後因温成皇后好食之，由是價重京師。或欲久留，藏置菉豆中，可經時不變，云'橘性熱而豆性涼'，故能久也。"

又有一種牛奶金柑。出廣東、浙江，今吾郡最多。④ 形長如牛乳，故名。香味比圓者稍劣。圓者又名金豆，出太倉沙頭者佳。

橙香欒附

橙，木有刺，而結橙經霜早黃，膚澤可愛，狀有似柑，但圓正細實又非柑。北人喜把玩之。香氣馥馥，可以熏袖，可以芼鮮，可以漬蜜。

---

① "忠"，疑當作"皮"。
② "味酸"，原作"太酸"，據《歸田録》改。
③ "香清"，原誤倒，據《歸田録》乙正。
④ "吾"，疑當作"吳"。

其種亦異。一名蜜橙，皮厚而腮，甘香可愛，爲橙品中第一。

一名香橙，與蜜橙相並，但香橙皮薄味酸，形大如柑，其葉亦尖，以此爲別。

一名蟹橙，即名臭橙，比蜜橙皮鬆味辣，止可供蟹及爲膏。往時橙橘尚少，人皆貴重，今蜜橙盛行，且有伐而爲薪者矣。此種先熟，易潰，不堪久藏。唯蜜橙可藏至來春二月不壞。

一名柑橙，比蟹橙長大，味亦相似，又呼大蟹橙。肉亦不甚酸，然不如蜜橙之佳。或曰：皮，橙也。肉，柑也。故以柑橙名之。

香圓，即香櫞。葉尖長，枝間有刺。植之近水，易生。形長大，色正黃，清香襲人，置之窗几間，頗供清玩。肉酢，酒闌破之，蓋不減新橙。瓤可作湯，皮可作丁，葉可療病。有大小二種，小者香。或云：皮粗而形大者乃朱欒，非香櫞也。

卷之五

吴郡周文華含章補次

水果部

荷

《爾雅》曰："荷，芙蕖。其莖，茄；其葉，蕸；其本，蔤；其花，菡萏；其實，蓮；其根，藕；其中，菂；菂中，薏。"釋曰："芙蕖，其總名也。別名芙蓉，江東人呼荷。菡萏，蓮華也。①的，蓮實也。薏，中心也。"郭云："蔤，莖下白蒻在泥中者。"今江東人呼荷花爲芙蓉，北方人便以藕爲荷，亦以蓮爲荷，蜀人以藕爲茄。或用其母爲花名，或用根、子爲母、葉號，此皆名相錯，習俗傳誤，失其正體也。陸璣疏曰："蓮，青皮裹白子爲菂，菂中有青爲薏，長三分，如鈎；②語曰'苦如薏'也。"《埤雅》曰："荷，總名也。華、葉等名具眾義，故不以知爲問謂之荷也。"

---

① "蓮華"，原作"蓮葉"，據《爾雅注疏》改。
② "長三分如鈎"，《爾雅注疏》無。

《管子》曰："五沃之土生蓮。"《古今注》曰："芙蓉，一名荷花，生池澤中，實曰蓮，花之最秀異者也。一名水芝，一名水花。有赤、白、紅、紫、青、黃數種，然紅、白二色最多。花大者至百葉。"周子《愛蓮說》云："出淤泥而不染，濯清漣而不妖，中通外直，不蔓不枝，香遠益清，亭亭淨植，①可遠觀而不可褻玩，花之君子也。"

《建昌府志》云："並頭蓮，近自浙江得種。或並頭而闖，或四面而拱，或叢突而臺，或紛糾而綴，茜靚歆盈，奇態不可名狀。卒之，秋露泠泠，厭而不落，雖經風雨，而池上無殷紅委瓣。殆兼牡丹之艷與菊之操矣。②"

宋時，聚景園中有繡蓮，紅瓣而黃緣，結實如飴，此又花之奇品也。

《姑蘇志》云："蓮菂，其紅花者實小而甘，其白花者實大而淡。花落實出，始黃中玄。"《爾雅翼》云："菂，五月中生，生啖脆。至秋表皮黑，菂成，可食，可磨以爲飯，輕身益氣，令人強健。又可爲糜。"別有石蓮子。《衍義》曰："藕實，就蓬中乾者爲石蓮子。"

《本草經》云："藕、實、莖，味甘，平，寒，無毒。主補中養神，益氣力，除百疾。久服輕身耐老，不饑，延年。陶隱居云：'莖即是根，不爾不應言甘也。③'"

宋帝時，大官作血蝠，音勘。庖人削藕，皮誤落血中，遂解散不凝。由是醫家用藕療血，多效。

---

① "淨植"，原作"靜直"，據《周元公集·愛蓮說》改。
② "或並頭而闖"至"菊之操矣"共六十三字，《建昌府志》引自《通判夏泉記》。
③ "甘"，原作"乾"，據《證類本草》引"陶隱居條"改。

《埤雅》云：“芙蕖行藕，如竹之行鞭，節生，一葉一華，華、葉常偶生，故謂之藕。”

《食物本草》云：“産後忌生冷，惟藕不忌，以其破血也。蒸煮熟則開胃，補五臟，實下焦。蓮子生者動氣脹人，熟者良，並宜去心。其葉及房皆破血，胎衣不下，酒煮服之。葉、蒂味苦，主安胎，去惡血，留好血。血痢，煮服之。”

《西湖志》云：“藕出西湖者，甘脆爽口，與護安村同，區眼者尤佳。其花白者香而結藕，紅者艷而結蓮。”

《國史補》曰：“蘇州進藕，其最上者名雙荷藕，又名傷荷藕。或云：‘葉甘，爲蟲所傷。’又云：‘欲長其根，故傷其葉。’”

《蘇州志》云：“藕，出吳縣黃山南蕩者最佳，花白者鬆脆且甘，即傷荷藕，食之無滓。他産不滿九竅，此獨過之，以此爲辨。”

《鎮江府志》云：“藕以金壇爲勝，花時所取曰花下藕，尤甘脆。今吳中所尚，唯以高郵者爲貴，較之他藕，形色俱別，皮斑黃如鐵銹，節短壯而多漿，土人食之，不以爲美，過江則味愈佳，且久藏不變。”

《爾雅翼》曰：“葉可裹物。齊師伐梁，以糧運不繼，調市人餉軍。建康令孔奐以麥屑爲飯，荷葉裹之，一宿之間，得數萬裹。”

《癸辛雜識》曰：“曬荷葉，遇雨，雨所著處皆成黑點。藏荷葉則須密室，見風則蛀損不堪用。”

荷葉亦可行酒。魏正始中，鄭公慤三伏之際率賓客避暑歷城，取大荷葉盛酒，以簪刺葉，令與柄通，傳噏之，名曰碧筒。其後歐陽公在揚州，每暑時宴客於平山堂。遣人走邵伯，取荷花千餘朵，以畫盆分插百許盆，與客相間。遇酒行，即遣妓取一花傳客，以次摘其葉，盡處則飲酒。《水雲錄》云：
"采正開荷花，置小金卮其中，令歌童捧以行酒。客受之，左
手執花柄，右手分開花瓣，以口就飲。其馨香風致又過碧
筒矣。"

《齊民要術》："種蓮子法：八九月取蓮子堅黑者，於瓦上
磨頭，令皮薄。取墐土作熟泥封之，如三指大，長二寸，使蒂
頭平，重磨去尖銳。泥乾時擲於池中，重頭沉下，自然周正，
皮薄易生，少時即出。其不磨者，皮既堅厚，倉卒不能生也。"

《便民圖纂》曰："二月間，取帶泥小藕栽池塘淺水中，不
宜深水；待茂盛，深亦不妨。或糞或豆餅，壅之則盛。"一云：
用煮酒瓶頭泥栽種。

《瑣碎錄》云："種蓮，用臘糟少許裹藕種，來年發花
盛。①"又云："種藕法：春初掘取藕三節無損者，②種入深泥，
令到硬土。穀雨前種，當年有花。"又云："蓮藕極畏桐油，就
池中以手掐去荷葉中心，滴桐油數點入其中，雖數頃
亦盡。③"

今人家種盆荷，先用稻管泥椿實其半，④壅牛糞寸許，隔
以蘆席，置藕秧於上，用溇中淤泥覆之，若通潮水者尤妙。或
云：清明前種，花在葉上；清明後種，花在葉下。

芰

芰，一名菱，俗謂之菱角。《圖經本草》曰："芰，菱實也。

---

① "發"，原脱，據《瑣碎錄》補。
② "取"、"者"，《瑣碎錄》作"出"、"處"。"藕"，原脱，據《瑣碎錄》補。
③ "池"，《瑣碎錄》作"他"；"雖數頃亦盡"，《瑣碎錄》作"雖數頃荷蓮亦死"。
④ "椿"，疑誤，當作"樁"。

處處有之。葉浮水面，花落實生，漸向水中乃熟。實有二種，一種四角，一種兩角。兩角中又有嫩皮而色紫者，謂之浮菱，食之尤美。江淮及山東人曝其實以爲米，可以當糧。道家蒸作粉，蜜漬，食之以斷穀。水果中此物最治病，解丹石毒。然性冷，不可多食。"又云："多食令人腹溺。或犯此，急暖酒，和薑汁飲一兩盞即消。"

《爾雅》曰："菱，蕨攤。"其葉似荇，白花，實有紫角，刺人。一名芰，屈到嗜芰，即此是也。亦名薢茩。《説文》云："楚謂之芰，秦謂之薢茩。"今俗但言菱芰，凡草木書皆不分別。惟《武陵記》云："四角、三角曰芰，兩角曰菱。其花紫色，晝合宵炕，隨月轉移，猶葵之隨日，鏡謂之菱花，以其面平，光影所成也。"

《爾雅翼》云："吳楚風俗，當菱熟時，士女相與采之，故有《采菱》之歌以相和，爲繁華流蕩之極。《招魂》云：'涉江采菱發陽阿。'《陽阿》者，采菱之曲也。《風俗通》曰：[1] '殿堂象東井形，刻爲荷菱。荷菱皆水物，所以厭火。昔人取菱花六觚之象以爲鏡。'"采菱之風迄今尚存。《山陰志》云："越人謂小者爲刺菱，巨者爲大菱，四角者爲沙角菱。産莫勝於江陰，每歲七八月，菱舟環集鑑湖中，王翰詩'不知湖上菱歌女，幾個春舟在若耶'，王十朋《風俗賦》云'有菱歌兮聲峭'是也。[2]"

《松江府志》云："菱，湖泖及人家池沼多種之，[3]有青、紅二種。紅者最早，七月初有之，名水紅菱。稍遲而大曰雁來紅，曰鸚歌青。青而大者曰餛飩菱，極大者曰蝙蝠菱，其最小

---

① "曰"，原脱，據《爾雅翼》補。
② "峭"，原作"悄"，據《會稽風俗賦》改，注曰"菱歌調易急"。
③ "池沼"，原脱，據《松江府志》補。

者曰野菱。"

《吳郡志》云:"折腰菱,唐時甚貴之,今名腰菱。有野菱、家菱二種。近世復出餛飩菱,最甘香,腰菱賤矣。[①]"

《蘇州志》云:"折腰菱多兩角,乾之曰風菱。近又有軟尖、花蒂兩種,產長洲顧邑墓,實大而味勝,號顧窰蕩。唐東嶼詩:'交游萍荇侶菰蒲,懷玉藏珍似隱儒。葉底只因頭角露,此生不得老江湖。'"

《霏雪録》云:"吳縣橫涇、長洲顧窰蕩二處所產菱,大如拳,七八枚可一斤,他處莫及。"

《姑蘇志》云:"婁縣菱,出昆山之婁縣村,如顧窰蕩而味略減。"

《便民圖纂》云:"重陽後,收老菱角,用籃盛浸河水内。待二三月發芽,隨水深淺,長約三四尺許,將竹削作火通口樣式,箝住老菱,插入水底。若欲加肥,用大竹開通其節,灌糞注之。[②]"

《水雲録》云:"二月種菱,先取老菱,水泡三日後,用手插入泥中。泥欲肥,根欲深,則茂。"

芡

芡,俗名雞頭。生葉,平鋪水面,至秋作房,如雞頭,實藏其中,圓白如珠。蘇子容謂:"有五穀之甘,可以療饑。"真佳果也。

《圖經本草》曰:"雞頭,初生雷池,今處處有之。生水澤

---

① "賤矣",《吳郡志》作"廢矣"。

② "菱角"上"老",原作"取";"籃"上,原衍"密"字;"河"下"水",原脱;"長約三四尺許",原脱;"火通"下"口",原脱。據《便民圖纂》改、删、補。

中,葉大如荷,皴而有刺,俗謂之雞頭。盤花下結實,其形類雞頭,故名。其莖葀之嫩者名花葀,人采以爲菜茹。七八月采實。”

《方言》曰:“北燕謂之莜,青、徐、淮、泗謂之芡,南楚江浙之間謂之雞頭。”《本草經》:“一名雁喙。”《埤雅》曰:“《周官·籩人》:‘加籩之實,菱芡栗脯。’菱芡取諸水,栗脯取諸陸,所謂籩豆之實,水陸之品也。”《古今注》曰:“芡,一名雁頭,一名芰。”楊升菴《雜著》亦以芰爲芡,謂芡葉可衣,菱葉不可衣,遂引《楚辭》“製芰荷以爲衣”爲證,恐未是。

《埤雅》:[1]“俗云:‘荷花日舒夜斂,芡花晝合宵炕。’此陰陽之異也。”《爾雅翼》則云:“芡花向日,菱花背日,其陰陽向背不同,[2]而損益亦異。”似與前説相謬矣。

《本草經》曰:“雞頭,實味甘,平,無毒。主濕痹、腰脊膝痛,補中,除暴疾,益精氣,強志,令耳目聰明。久服,輕身不饑,耐老神壯。”

梅聖俞詩云:“蝟毛蒼蒼磔不死,銅盤蠹蠹釘頭生。吳雞鬥敗絳幘碎,海蚌扶出珍珠明。”

蘇子由詩云:“芡葉初生縐如縠,南風吹開輪脱轂。紫苞青刺攢蝟毛,水面放花波底熟。森然赤手初莫近,誰料明珠藏滿腹。剖開膏液尚模糊,大盎磨聲風雨速。清泉活火曾未久,滿堂坐客分升掬。紛然咀嚼唯恐遲,勢若群雛方脱粟。[3]”

---

① “埤雅”下,原衍“引”字,據《埤雅》删。
② “向背”,原脱,據《爾雅翼》補。
③ 一句中“縐”,原作“皴”;二句中“轂”,原作“輻”;三句中“攢”,原作“如”;十句中“坐”,原作“座”;據《欒城集》改。

《姑蘇志》云：“出吳江者，殼薄，色綠，味腴。出長洲車坊者，色黃，有粳、糯之分。”今昆山出一種，皮、殼、色皆綠，粒大味鮮，更勝於吳江。

《便民圖纂》云：“秋間熟時，收取老子，包浸水中。三月間撒淺水內，待葉浮水面，移栽深水，每柯離五尺許。先以麻豆餅屑拌勻河泥種之，以蘆插記根處。十餘日後，每柯用泥三四碗再壅。①”

蔗

蔗，叢生，身似竹而實，高六七尺，及末抽葉，似蘆葉而大，長三四尺，其莖有節。

《菽園雜記》云：“宋神宗問呂惠卿：‘蔗從庶，何也？’對曰：‘凡草種之則正生，甘蔗種之則旁生。’②按六書有諧聲，蔗，庶聲。庶，古遮字，非會意也。若蔗從庶為旁生，則鷓鴣、蟅蟲亦旁生耶？”其說近是。

又名諸蔗。《南方草木狀》曰：“諸蔗，一名甘蔗。交趾所生者，圍數寸，長丈餘，頗似竹。斷而食之，甚甘。③ 莋取汁，曝數日成飴，入口消釋，彼人謂之石蜜。南人云：甘蔗可消酒。又名干蔗。司馬相如‘泰尊柘漿析朝酲’是也。④ 泰康六年，扶南國貢諸蔗一丈三節。”

自八九月已堪食，收至三四月方酸壞。《忠雅》云：“其味

---

① “三月”，原作“二三月”；“五尺”，原作“二尺”；“面”上“水”，原脱。據《便民圖纂》改、補。

② “菽園雜記云”，原竄入“旁生”下，今據《菽園雜記》乙正。

③ “甚甘”下，原衍“八閩通志云甘”六字，據《南方草木狀》刪。

④ “泰尊柘漿析朝酲”，原作“太尊柘漿折朝酲”，據《南方草木狀》改。

在根，梢以漸而薄，故顧愷之啖蔗自梢至根，漸入佳境。”

　　春種冬成。搗其汁煮之，則成黑糖。又以黑糖煮之，則成白糖。糖之精，又成糖霜。《容齋隨筆》曰：“糖霜之名，唐以前無所見。自古食蔗者始爲蔗漿，宋玉《招魂》所謂‘胹鱉包羔有柘漿’是也。① 其後爲蔗餳，‘孫亮使黃門就中藏吏取交州所獻甘蔗餳’是也。② 唐太宗遣使至摩揭陀國取熬糖法，即詔楊州上諸蔗，榨瀋如其劑，色味愈於西域。③ 然只是今之砂糖，蔗之技盡於此矣，不言作霜。唯東坡送遂寧僧云：‘涪江與中泠，共此一味水。冰盤薦琥珀，何似糖霜美。’黃魯直《答梓州雍熙長老寄糖霜》云：‘遠寄蔗霜知有味，勝於崔子水晶鹽。④ 正宗掃地從誰說，我舌猶能及鼻尖。’則遂寧糖霜見於文字，實始二公。甘蔗所在皆植，獨福唐、四明、番禺、廣漢、遂寧有糖冰，而遂寧爲冠。四郡所產甚微，而顆碎色淺味薄，僅比遂之最下者。唐大曆中，有鄒和尚者，始來小溪之繖山，教民以造霜之法，山前後爲蔗田者十之四。蔗有四色，曰杜蔗，曰西蔗，曰芳蔗，⑤《本草》所謂荻蔗也；曰紅蔗，《本草》所謂崑崙蔗也。紅蔗止堪生啖，芳蔗可作沙糖，西蔗可作霜，色淺，土人不甚貴。⑥ 杜蔗，紫嫩，⑦味極厚，專用作霜。凡蔗最困地力，今年爲蔗田者，明年改種五穀以息之。凡霜一甕

---

　　① “招魂”，原脫，據《容齋五筆》補。“包羔”，《容齋五筆》作“羔包”。按，《容齋隨筆》引王灼《霜糖譜》，今據《霜糖譜》改。

　　② “黃”，原作“王”；“交”，原作“支”。據《容齋五筆》、《霜糖譜》改。

　　③ “揭”，原作“竭”；“愈”，原作“逾”。據《霜糖譜》改。

　　④ “崔子”，《霜糖譜》引作“崔浩”。

　　⑤ “芳蔗”，原作“荔蔗”，據《霜糖譜》改。

　　⑥ “人”，原脫，據《霜糖譜》補。

　　⑦ “紫”，原作“緑”，據《霜糖譜》改。

中品色亦自不同，①堆疊如假山者爲上，團枝次之，瓮鑑次之，小顆塊又次之，沙脚爲下。紫爲上，深琥珀次之，淺黃又次之，淺白爲下。"今糖霜率自福建來，白如水晶，不聞有紫者，豈今法更妙於古耶？抑四川自有紫糖霜耶？

《興化府志》云："造黑糖法：冬月蔗成，取而斷之，入碓搗爛。用大桶裝貯，桶底旁側爲竅，每納蔗一層，以灰薄灑之，皆築實。及滿，用熱湯自上淋下，別用大桶盛之。旋取入釜烹煉，火候既足，蔗漿漸稠，乃取油滓點化之。別用大方盤，挹置盤内，遂凝結成糖，其面光潔如漆，其脚粒粒如砂，故又名砂糖。每歲正月内煉砂糖爲白糖，其法：取乾好砂糖，置大釜中烹煉，用鴨卵連青黃攪之，使渣滓上浮，用鐵笊籬撇取乾淨。看火候足，別用兩器上下相承，上曰圌，胡困切。下曰窩。圌下尖而有竅，窩内虛而底實。乃以草塞竅，取煉成糖漿置圌中，以物乘熱攪之。及冷，糖凝定，糖油墜入窩中。三月梅雨作，乃用赤泥封之，約半月後又易封，則糖油盡抽入窩。至大小暑月，乃破泥取糖，其近上者瑩白，近下者稍黑。遂曝乾之，用木桶裝貯，九月客商販買者畢集。其糖油，鄉人自買之。"

王昭明云："砂糖古無白者，人亦不知所以白之之法。後有置黑糖於土牆邊，牆崩，爲土所壓，久而發之，悉變成白，乃知糖之變白，其妙全在土封，殆天啓之，人不及是。"

《神隱》云："十月初收蔗，揀節密者連稍葉入窖。至來年二月，用猪毛和土，犁長溝，以蔗卧於溝内，鬆土蓋之。候三月間苗出，用肥糞或麻餅壅之。仍去旁邊小苗，止留大苗。

----

① "品"，《霜糖譜》作"器"。

種蔗惟潮沙之地爲宜。"

西瓜

西瓜,蔓生,其實圓碧,外堅内白,味甘,冷,可止煩渴。其子甘,温,有紅、黄、黑、白、斑數色。

五代郃陽令胡嶠《陷虜記》云:"嶠於回紇得瓜,種以牛糞,結實大如斗。以其出自西域,故名西瓜。"《松漠紀聞》曰:"西瓜,形如匾蒲而圓,色極青翠,經歲則變黄。其颰類甜瓜,味極甘脆,中有汁,尤清冷。"蓋唐以前經傳所云瓜,即今之甜瓜,非西瓜也。葉子奇云:"西瓜,元世祖征西域,中國始有種。"其説則謬。陸深《豫章漫抄》云:①"南昌郡産西瓜,味不佳,土人惟利其子以剥仁,故江西瓜仁充贈遺甚盛。"《神仙傳》記:"青登瓜,大如三斗魁,玄表丹裏,呈素含紅。"則古又未必無西瓜也。魏劉楨《瓜賦》云"藍皮蜜裏,素肌丹瓤"者,此指何物? 豈本一類而西種特嘉,故以得名?《姑蘇志》載:"西瓜,出吳縣薦福山者曰薦福瓜,出昆山楊莊者曰楊莊瓜,②圓明村者爲圓明瓜。"

《便民圖纂》云:"清明時,於肥地掘坑,納瓜子四粒,待芽出移栽。栽宜稀,澆宜頻。蔓短時作綿兜。每朝取螢,恐其食蔓。迨至蔓長,宜用乾柴就地引之,能令多子。若掐去餘蔓,則極肥大。③"一云:種西瓜須鬆地。先一年用稻管泥浸糞坑中一二日,取出曬乾,再浸再曬,如此四五次,乾之。至

---

① "漫",原作"謾",據陸深《儼山外集》改。
② "吳縣",《姑蘇志》作"跨塘";"楊莊",《姑蘇志》作"陽莊"。
③ "迨至"至"肥大"共二十五字,《便民圖纂》作"待茂盛則不用餘蔓花掐去則瓜肥大"。

二月盡，每一稻管置瓜種四粒，稀植之，瓜極大而甘。一云：下西瓜種欲密，密則氣力齊，宜出土。俟出，分栽。

《浣花雜志》云：“西瓜最患移栽，必子出本土者可多結。”又云：“西瓜小藤不結實，謂之賊藤，宜去之。用豆餅於黃昏時覆根上，明旦去之，如此一二次，則瓜甘美。”

荸薺

荸薺，一名烏芋。《爾雅》云：“芍，鳧茨。”一名鳧茨。吳俗又名地栗。《爾雅翼》云：“既名鳧茨，當是鳧好食之耳。”《本草》：“烏芋，二月生葉，葉如芋。①”《唐本草》注云：②“此草一名槎牙，一名茨菰。”兩者皆非。《鎮江府志》云：“茨菰，一名燕尾草，根如芋。”或名田酥，或名地栗，混而不分，總是承訛踵謬，不究物理之故。按《圖經本草》曰：“烏芋，今鳧茨也。苗似龍鬚而細，正青色。根黑，如指大，皮厚，有毛。”又云：“食之，厚人腸胃，不饑。服丹石人尤宜常食，爲其能解毒耳。”

昆山顧武祥作宦粵中，將地栗作粉，曬乾，從家鄉帶去，朝夕食之，以解瘴毒，又能濟凶年。《東觀漢記》：王莽末，南方枯旱，民多餓，群入澤中掘鳧茨而食。

《本草衍義》曰：“烏芋，即今荸薺。皮厚、色黑、肉硬白者，謂之豬荸臍；皮薄，色淡紫，肉軟者，謂之羊荸臍。正、二月人采食之。此二種藥中罕用，唯荒歲人多采以充糧。”

《興化府志》云：“其性能毀銅，取銅錢合鳧茨食之，

---

① “如”上“葉”，原脫，據《新修本草》補。
② “唐本草”，原作“唐本”。按《唐本草》卷十七“烏芋”條有“謹按此草一名槎牙一名茨菰”，知《圃史》脫一“草”字，據補。

皆碎。”

《姑蘇志》云：“出吳江華林者，色紅，味美，不能耐久。出長洲陳灣村者，色黑，形大，帶泥藏之，可以致遠。有白皮者，擦小兒花癬瘡有驗。①”

《便民圖纂》曰：“正月留種，取大而正者。待芽生，埋泥缸内，二三月復移水田中，至茂盛，於小暑前分種，每柯離五尺許。② 冬至前後起之。耘攬與種稻同，豆餅或糞皆可壅。”

茨菰

茨菰，一名翦刀草，與荸臍根皆著土中，可食。然荸臍外紅黄而中白，味甘。茨菰則内外皆白，味稍劣，不可生啖。荸臍葉細，茨菰葉粗。判然二物，而説者多淆之。《姑蘇志》直以茨菰爲烏芋，蓋承《本草》之誤。殊不知烏芋之名止可加於荸臍，以其色黑也，茨菰正白，豈得言烏？

《圖經本草》曰：“翦刀草，生江湖及京東近水河溝沙磧中。味甘，微苦，寒，無毒。葉如翦刀形。莖幹似嫩蒲，又似三棱。苗甚軟，其色深青綠。每叢十餘莖，内抽出一兩莖，上分枝，開小白花，四瓣，蕊深黄色。根大者如杏，小者如杏核，色白而瑩滑。五、六、七月采葉，正、二月采根。一名慈菰，一名白地栗，一名河鳬茨。土人爛搗其莖葉如泥，塗傅諸惡瘡腫及小兒游瘤丹毒，其腫立消。”

《四明郡志》曰：“茨菰，葉有兩歧，如燕尾而大。白花，三

---

① “至遠”下，《姑蘇志》有“性可軟銅”四字；“有白”至“有驗”共十二字，《姑蘇志》無。
② “五尺”，原作“尺四五寸”，據《便民圖纂》改。

出。一莖十二實。①"

　　《農桑撮要》曰："三月種茨菰。先掘深坑，用蘆席鋪墊，排茨菰於上，用泥覆，水浸之。"

　　《便民圖纂》曰："臘月間，折取嫩芽，插於水田。來年四五月，如插秧法種之，每柯離尺四五許。② 田最宜肥。"

---

① "十二"，《宋元方志叢刊·至正四明續志》作"十三"。
② "尺四五許"，原作"尺五許"，據《便民圖纂》改。

卷之六

吴郡周文華含章補次

木本花部上

山茶_{茶梅附}

山茶，葉如木樨，深綠有棱，花正紅，如小漆碗，冬末春初開，最富麗。《興化府志》云："有數種，花開單葉而極大者曰曰丹，單葉而小者曰錢茶，有類錢茶而粉紅色者曰溪圃，又有百葉而攢簇者曰寶珠，有類寶珠而蕊白色焦者曰焦萼。當歲暮百花搖落之後，此花獨開，故人重之。"

曾南豐《以白山茶寄吳仲庶》詩云："山茶純白是天真，筠籠封題摘尚新。秀色未饒三谷雪，清香先得五峰春。瓊花散漫情終蕩，玉蕊蕭條迹更塵。遠寄一枝隨驛使，欲分芳種恨無因。① 注云：'初，唯此花與揚州后土廟瓊花天下一株，②近年瓊花可接，遂散漫，而此花爲獨出也。'"今人家園圃所植，

---

① "恨"，原作"更"，據《曾鞏集》改。
② "株"，原作"枝"，據《曾鞏集》改。

多單葉，深紅花，中有黃心，樹高丈餘，結子可復出。即寶珠茶已自難得，所云白色者未見也。

《水雲錄》云：“臘月及春間皆可移栽。三月中，以單葉接千葉，其花茂盛。或以冬青接者，十僅能活一二。又有一種，來自滇南，花大如蓮，尤爲瑋異。”

茶梅，花、葉皆小於山茶，其花單葉，粉紅色，秋深始開，殆所謂溪圃耶？然亦有白色者。

瑞香

瑞香，樹高三四尺，枝幹婆娑，葉厚，深綠色。《邵武府志》云：“其樹奪枝而生，冬春之際，每枝頭結蕊一簇，每簇率十數朵，逐日次第而開。有紫、白二色，紫者香勝。”《格物論》云：“有楊梅葉者，有枇杷葉者，有柯葉者，有毬子者，有欒枝者。花紫如丁香，惟欒枝者香烈。枇杷者能結子。”楊庭秀詩云：“侵雪開花雪不侵，開時色淺未開深。碧團欒裏笋成束，紫蓓蕾中香滿襟。別派近傳廬阜頂，孤芳原自洞庭心。詩人自有薰籠錦，不用衣篝注水沉。”

《能改齋漫錄》云：“廬山古未有瑞香花，他處亦不產，自天聖中人始稱傳。蓋靈草異芳，應時乃出，故記序篇什，悉作瑞字。《廬山記》載《瑞香記》：‘訥禪師曰：山中瑞彩一朝出，天下名香獨見知。’”①《灌園史》載瑞香顛末：相傳廬山有比丘，晝寢磐石上，夢中聞花香酷烈，及寤，尋求得之，因名睡香。四方奇之，謂爲花中祥瑞，遂以瑞易睡。張祠部詩曰：“曾向廬山睡裏聞，香風占斷世間春。竊花莫撲枝頭蝶，驚覺

---

① “瑞香記”，《能改齋漫錄》作“瑞香花記”；“訥禪師”，作“納禪師”。

南窗午夢人。①"

《瑣碎録》云："瑞香,生江南諸山,廬山者最勝。有數種,唯紫花葉青色而厚似橘葉者最香。人家種者,須就廊廡檐下階基上,②去屋檐滴水二尺餘種之。③不可露根,露根則不榮,亦不可在屋下太深處。"又云："瑞香惡濕畏日,④勿頻沃水,宜用小便從花脚澆之,則葉緑。又用頭垢壅根上,有日色即覆之。或用浣衣灰汁尤妙。蓋此花根甜,灌以灰水,則蚯蚓不食,而衣服垢膩復能肥花也。"《居家必用》云："漆滓壅,退雞鵝汁澆之,或灌掉猪湯,尤盛。"《退齋雅聞録》云："最忌麝,或佩麝觸之,輒萎死。惟頻瀹茶灌其根,則不為蟲所食。"

今園圃中止有紫、白二種,而葉上有金沿邊者勝。梅雨時,折其枝插土中,自生根,臘月春初皆可移。《水雲録》云："若插,宜就老枝節上剪取嫩枝,插於背陰處,易活。"《癸辛雜識》云："凡插之者,帶花雖易活,而花落葉生復死。但於芒種前後折其枝,枝下破開,用大麥一粒置於其中,以亂髮纏之,插土中,勿令見日,日以水澆之。或云:左手折下,隨即扦插,勿換右手,無不活者。"⑤

紫荆

紫荆,叢生,木似黄荆。先花後葉,附木而芳。花深紫色,形如綴珥,二月盡始開。杜子美有"風吹紫荆樹"句,即此

---

① "午",原作"半",據《能改齋漫録》改。

② "檐",原脱,據《瑣碎録》補。

③ "種之",原脱,據《瑣碎録》補。

④ "濕",《瑣碎録》作"温";《居家必用》作"濕"。

⑤ "芒種前後",《癸辛雜識》作"芒種日"。"枝下破開",原作"枝上破開",據《癸辛雜識》改。"或云"至"右手"十四字,《癸辛雜識》無。

也。昔田氏兄弟有欲析居者，後睹三荆同枯，驚嘆，復合，故爲世所述。或與棣棠並植，金紫相映。且棠棣即古常棣，其花反而復合，《詩》以兄弟方之，氣味相投也。

《本草衍義》曰："紫荆木，春開紫花，甚細碎，共作朵生，或生於木身之上，或附於根土之下。[①] 直出花，花罷葉出，光紫，微圓。"

臘月春初，皆可分栽。《灌園史》曰："開花既罷，旁枝分種，性喜肥畏水。"

珍珠

珍珠，一名玉屑。葉如金雀而枝幹長大。三月中開花，花細而白，綴於枝上，極繁密，如字婁狀，故俗名字婁花。春初發芽時可分栽。張舜民詩："千璣萬琲照庭除，細雨斜風拂座隅。莫道長官貧似磬，緣階繞砌盡珍珠。"

玉蘭

玉蘭，類木筆，其樹高丈餘。《鎮江府志》云："玉蘭，出馬迹山紫府觀，其花表裏瑩白如玉，其香如蘭，不根而植，不蓓而花。生不擇地，亦不常有。開多在莫春，遇者以爲瑞。宋淳祐間忽開，郡守李迪作詩頌之，見《咸淳志》。陳輔之有詩，見《京口集》，乃爲丹陽凝禧觀作。"

近茅山溪谷間有之，或開於秋冬。《山志》謂其"蘭芽刻玉，氣味甚幽"，亦芝英之別種也。吳地初未嘗有，近始盛行，人珍重之。俞仲蔚《玉蘭詩序》云："予考前代志記，玉蘭獨不

---

① "土"，原脱，據《衍義》補。

著見。然此花不實，以辛夷並植其側，過枝接生。其花九瓣，色白，微碧，狀類芙蕖，心如小浮屠形。叢生，淺綠，細棘，著根裹紫色蓮鬚，香氣幽奇，與蘭草無異。又，一幹一花，皆著木末，疑遂以此得名。花落，又從蒂中抽葉，特異他花。冬間結蕊，至二月盛開。蓋卉木之奇種也。詩云：'木末標孤穎，靈苞散九華。映空遥泛雪，翳日細通霞。色淨黄金屋，香飄碧玉家。更憐摇落後，綠蒂吐新芽。①"周孺允詩云："靈卉無根寄別枝，憑欄一笑逞幽姿。形過簷蔔禪林見，氣溢蘭蓀楚客知。鶴寺可令神女降，兔園偏與月華宜。含芳徙倚無人會，馮仗東風細細吹。"

辛夷

辛夷，一名木筆，花初開如筆，故曰木筆。一名迎春，其花最早，故曰迎春，又名望春。別名房木，或謂之候桃。先花後葉，花如菡萏。《離騷》云"辛夷車兮結桂旗"，即此是也。

《圖經本草》云："辛夷，生漢中川谷，今園亭亦多種植。木高數丈，葉似柿而長。正、二月生花，形似著毛小桃，色白帶紫；花落無子，至夏復開花。又一種，枝葉並相類，但歲一開花，四月花落時，有子如相思子，或云即是此種。經一二十年，樹老方結實。其花開早晚，亦隨南北節氣寒温。"

《衍義》曰："有紅、紫二本，一本如桃花色，一本紫色。今入藥當用紫者。"

按《本草》，花在二月中開，粉紅色者花大，紫色者花小，

---

① "詩云"上，原衍"昔人"二字，據《仲蔚先生集》刪；"更憐"兩句，《仲蔚先生集》作"不妨零落盡綠蒂已新芽"。

名紫心木筆。皆歲一開花，花落結子，如小浮屠，形長而色青，不必一二十年乃結子也。臘月或春初，根旁分栽，亦可挨接玉蘭。

牡丹

牡丹，《本草》"一名鼠姑，一名鹿韭"。周子曰："牡丹，花之富貴者也。"木本，大者高四五尺。八月枝上發赤芽，來春二月即發蕊如拳，稍舒則變成綠葉，有稃，花著葉中，三月穀雨前開。《傳家集》云："洛人以穀雨爲牡丹花厄，蓋其時適相值云。"其極盛者，花頭或至盈尺，高亦相等，皆由其種之美惡。有單葉、多葉、千葉及黃、紫、紅、白、緋、碧之色。

《草木略》云："古今言木芍藥是牡丹。按崔豹《古今注》云：[①]'芍藥有二種，有草芍藥，有木芍藥。木者花大而色深，俗呼爲牡丹。'安期生《服煉法》云：'芍藥有二種，有金芍藥，有木芍藥。金者色白多脂，木者色紫多脈，則驗其根也。'然牡丹亦有木芍藥之名，其花可愛如芍藥，宿枝如木，故以木名。芍藥著於三代之際，風雅之所流咏也。牡丹初無名，依芍藥以爲名，亦如木芙蓉之依芙蓉以爲名也。牡丹晚出，唐始有聞。"

宋時洛陽最盛。圃人競求詭異，多於秋分移接，培以壤土，至春盛開，其狀百變。歐陽文忠公始爲作《譜記》云："牡丹，出丹州、延州，東出青州，南出越州，而出洛陽者今爲天下第一。洛人於他花則曰某花某花，至牡丹，則不名，直曰花。意謂天下真花獨牡丹，其名之著，不假於牡丹而可知也。"又

---

① "按"字，《通志·昆蟲草木略》本無，據宋鄭夾漈《昆蟲草木略》補。

云："牡丹之名，或以氏，或以州，或以地，或以色，或旌其所異而志之。"自姚黃以下得二十四種。趙郡李述著《慶曆花品》，專叙吳中之盛，凡四十三種。鄞江周蘄作《洛陽花木記》，[①]所載牡丹至一百九種。陸放翁在蜀作《天彭牡丹譜》，凡三十四種。其尤著名者爲姚黃、魏花。《洛記》云："姚黃，千葉黃花也。色極鮮潔，精采射人，有深紫檀心，近瓶青，旋心一匝，與瓶同色，開頭可八九寸許。其花出北邙山下白司馬坡姚氏。大率間歲乃成千葉，餘年皆單葉或多葉耳。其開最晚，其色甚美，而高潔之性，敷榮之時，特異於衆花。[②]"徐節孝云："天下牡丹九十餘種，而姚黃爲第一。其名雖千葉，而實不可數，或累計萬有餘英，[③]不然不足高一尺也。花肉既重，其梢下屈，如一器傾側之狀。此亦花之巨美而精傑者乎！"又曰："魏花，千葉肉紅花也。本出晉相魏仁溥園，迄今流傳特盛。葉最繁密，人有數之者至七百餘葉。面大如盤，中堆積碎葉突起，團整如覆鍾狀。[④] 開頭可八九寸許，其花端麗，精彩瑩潔，異於衆花。洛人謂姚黃爲王，魏花爲后。"又有狀元紅、瑞雲紅、左紫、玉樓春、潛溪緋玉、千葉歐碧諸異種，見前所述記中。蓋自唐人已推重，至宋尤重耳。

《五色綫集》云："孟蜀時，兵部尚書李昊每將牡丹花數枝遺親友，以興平酥同贈，曰：'俟花凋謝，以酥煎食之，無棄穠艷也。[⑤]'"其風流貴重如此。東坡《雨中明慶賞牡丹》詩："霏

---

① "周蘄"，《說郛》作"周叙"。

② "旋心一匝"，原作"簇青心匝"；"司馬坡"上"白"，原脱；"其色甚美而高潔之性"，原作"其色甚著與高潔之性"。據鄞江周師厚《洛陽牡丹記》改、補。

③ "英"，原脱，據《節孝集》補。

④ "覆"，原作"履"，據《洛陽花木記》改。

⑤ "穠艷"，《五色綫集》作"穠華"。

霏雨露作清妍，爍爍明燈照欲然。明日春陰花未老，故應未忍着酥煎。"①又云："千花與百草，共盡無妍鄙。未忍污泥沙，牛酥煎落蕊。"用此事也。

《南部新書》曰："長安三月十五日，兩街看牡丹，奔走車馬。慈恩寺元果院牡丹先於諸牡丹半月開，太真院後諸牡丹半月開。裴兵部《題白牡丹》云：'長安豪富惜春殘，爭賞先開紫牡丹。別有玉杯承露冷，無人起就月中看。'"白樂天《牡丹芳》一篇，絕道花之妖艷，至有"遂使王公與卿士，遊花冠蓋日相望"，"花開花落二十日，一城之人皆若狂"。《惜牡丹》詩云："明朝風起應吹盡，夜惜衰紅把火看。"元稹、羅隱、徐凝、許渾之徒題咏甚眾。

宋時尤盛於洛陽。歐公云："洛陽之俗，大抵好花。春時，城中無貴賤皆插花，雖負擔者亦然。花開時，士庶競爲遊遨，往往於古寺廢宅有池臺處，②爲市井，張幄幕，笙歌之聲相聞。"《洛陽名園記》云："洛中花甚多種，而獨名牡丹曰'花王'。凡園皆植牡丹，而獨名此曰'花園子'，蓋無他池亭，獨有牡丹數十萬本。凡城中賴花以生者，畢家於此。至花時，張幕幄，列市肆，管弦其中。城中士女，絕烟火游之。過花時，則復爲丘墟矣。"

陸放翁云："天彭號小西京，以其俗好花，有京洛之遺風，大家至千本。花時，自太守而下，往往即花盛處張飲幄幕，車馬歌吹相屬，最盛於清明寒食時。在寒食前者謂之火前花，其開稍久，火後花則易落。最喜陰晴相半時，謂之養花天。

① "明慶"，原作"明慶寺"；"霏霏雨露作清妍"，原作"霏霏雨霧作清研"；"着酥煎"，原作"著酥煎"。據《東坡全集》刪、改。
② "池"，原脱，據《洛陽牡丹記》補。

栽接剥治，各有其法，謂之弄花。其俗有‘弄花一年，看花十日’之語。故大家例惜花，可就觀，不可輕翦，蓋一翦則次年花絶少。州家歲常以花餉諸臺及旁郡，蠟蒂篘籃，旁午於道。予客成都，成都帥以善價私售於花户，得數百苞，馳騎取之，至成都，露猶未晞，其大徑尺。夜宴西樓下，燭焰與花相映發，影摇酒中，繁麗動人。”

　　石湖《吳郡志》云：“牡丹，唐以來止單葉，本朝洛陽始出多葉、千葉，遂爲花中第一。頃時，朱勔家圃在閶門内，植牡丹數千萬本，以繪彩爲幕，彌覆其上，每花身飾以金牌，記其名。①勔敗，牡丹皆拔爲薪。中興以來，人家稍復接種，有傳洛陽花種至吳中者，②不過十餘種，姚魏蓋不傳矣。”顧清《松江府志》云：“牡丹，自宋來盛於吳下。吾鄉則國初曹明仲所譜寶樓臺以下十五品最奇，並家傳洛京舊種，其名多見歐《譜》。近歲人家所植，唯壽安樓子二三種，深紅已爲難得，餘不復見。”楊君謙《吳邑志》云：“牡丹，人家亭館多種，率粉紅色，號玉樓春。接壤皆是，鮮有紅紫者，雖白色亦艱得。”吾蘇自玉樓春外，僅有壽安紅、平頭紫、寶樓臺，而寶樓臺紫紅色，尤富麗，環瑋可觀。求如書傳所記，百不及一，而栽接培壅之法，亦無傳矣，但於花時邀親朋置酒賞玩，略存故事焉。予觀姚燧《牡丹序》載左紫、壽安紅、狀元紅、衡山紫、玉版白諸奇品，而姚、魏二種已不復有，且叙其見之之難。彼生於中土且然，況僻處東南者乎！蓋自戎馬蹂躪，南渡以還，宜其絶種。今取古來栽接、培壅、澆灌、修理諸法，具載於篇，倘遇名花，

---

①　“頃”下“時”，原脱；“千”，原作“十”。據《吳郡志》補、改。
②　“傳”，原作“得”，據《吳郡志》改。

以此待之也。

　　歐《記》云："洛人家家有花而少大樹者，以其不接則不佳。春初時，洛人於壽安山中斫小栽子賣城中，謂之山篦子。人家治地爲畦塍種之，至秋乃接。接花工尤著者，[①]謂之門園子，豪家無不邀之。姚黃一接頭直錢五千，秋時立契買之，至春見花乃歸其直。洛人甚惜此花，不欲傳，有權貴求其接頭者，或於湯中醮殺與之。魏花初出時，接頭亦直五千，今尚直一千。接時須用社後重陽前秋分內，過此不堪矣。[②]花之本木去地五七寸許截之，[③]乃接，以泥封裹，用軟土壅之，以篛葉作庵子罩之，不令見風日，唯南向留一小戶以達氣，至春乃去其覆。此接花之法也。用瓦亦可。種花必擇善地，去舊土，以細土用白斂末一斤和之。蓋牡丹根甜，多引蟲食，白斂能殺蟲。此種花之法也。澆花亦自有時，或用日未出，或日西時，[④]九月旬日一澆，十月、十一月兩三日一澆，正月間日一澆，二月一日一澆。此澆花之法也。一本發數朵者，擇其小者去之，止留一二朵，謂之打剝，懼分其脈也。花纔落，便翦其枝，勿令結子，懼其易老也。春初，既去篛庵，便以棘數枝置花叢上，棘氣暖，可以辟霜，不損花芽。此養花之法也。花開漸小於舊者，蓋有蠹蟲損之，必尋其穴，以硫黃簪之。其旁又有小穴如針孔，乃蟲所藏處，花工謂之氣窗，以大針點硫黃末針之，蟲乃死，花復盛。此醫花之法也。烏賊魚骨，用以針花樹，入其膚，花必死。此花之忌也。"見歐陽永叔《洛陽風

----

① "接花工尤著者"，《洛陽牡丹記》作"接花尤工者一人"。
② "秋分內"，《洛陽牡丹記》無；"堪"，《洛陽牡丹記》作"佳"。
③ "木"，原脫，據《洛陽牡丹記》補。
④ "或日西時"，原作"或用日初"，據《洛陽牡丹記》改。

土記》。

種祖子法

《洛記》云："凡欲種花子，先於五六月間擇背陰處肥美地治作畦，七月以後取千葉牡丹花子，候花瓶欲坼、其子微變黃時采之，①取子，於已治畦地内，一如種菜法種子。不得隔日，隔日多即花瓶乾而子黑，子黑則種之萬無一生矣。撒子欲密不欲疏，疏則不生，不厭太密。地稍乾，即以水灌之，灌後水脈勻潤，然後撒子，訖，耙耬，一如種菜法。每十日一澆，有雨即止。冬月須用木葉蓋護，候月餘即生芽。葉生時，頻去草。久無雨，即十日一澆，切不可用糞。至八月秋社後治畦，②分開種之，如栽菜法。其中或有卻成千葉者。"

接花法

山丹，單葉牡丹也。千葉牡丹須於山丹上接。潁濱《西軒種山丹》詩云："淮陽千葉花，到此三百里。城中衆名園，栽接比桃李。吾廬適新成，西有數畦地。乘秋種山丹，得雨生可喜。山丹非佳花，老圃有深意。宿根已得土，絕品皆可寄。明年春陽升，盈尺爛如綺。居然盜天功，信矣斯人智。根苗相因依，非真亦非偽。客來但一笑，勿問所從致。"又云："築室力已盡，種花功尚疏。山丹得春雨，艷色照庭除。末品何曾數，群芳自不如。今秋接千葉，試取洛人餘。"《洛記》云：

---

① "微變黃時"，原作"爲變當時"，據《洛陽花木記》改。
② "後"，原作"前"，據《洛陽花木記》改。

"接花，必以秋社後九日前，①餘皆非其時也。接花預於二三年前種下祖子，②惟根盛者爲佳。削接頭欲平而闊，常令根皮含接頭，勿令作陡刃。刃陡，則帶皮處厚而根狹。刃陡則接頭多退出而皮不相對，津脈不通，遂致枯死矣。③ 接頭繫縛欲密，勿令透風，不可令雨濕瘡口。接頭必以細土覆之，不可令人觸動。接後月餘，須時時看覰根下，勿令枝生妒芽；芽生即分，減卻津脈而接頭枯矣。④ 凡選接頭，須用木枝肥嫩、花芽盛大、平而圓實者爲佳，⑤虛尖者無花矣。"《瑣碎錄》云："凡接牡丹，須令人看視之。如一接便活者，逐歲有花。初接不活，削去再接者，只當年有花。"又云："牡丹，於芍藥根上接易發，無失一二年，牡丹自生本根，則旋割去芍藥根，成真牡丹矣。"《霏雪錄》云："張茂卿好事，其家西園有一樓，四圍植奇花殆遍。常接牡丹於椿樹之杪，花盛時，延賓客，於樓推窗玩焉。"按歐《記》、《洛記》皆云牡丹宜社後重陽前接，而《瑣碎錄》云"凡花皆宜春種，惟牡丹秋社前後接種"，《便民圖纂》乃云"接時須二三月間"，不知何據，恐不可從。

分栽法

八九月中，將根旁新枝隔二三年者，抓去根邊泥，用毛竹

---

① "九日"，《洛陽花木記》作"九月"。按，歐陽修《洛陽牡丹記》作"接時須用社後重陽前，過此不佳也"，則《説郛》本《洛陽花木記》"九月"當爲"九日"之誤。

② "祖子"，原作"種子"，據《洛陽花木記》改。

③ "常"，原作"長"；"陡刃"，原作"陡瓣"；"刃陡"，原作"瓣陡"；"刃陡則帶皮處厚而根狹"小注，原竄入正文。據《洛陽花木記》改。

④ "後月餘"上"接"，原脱；"根下"下，原衍"土"；"勿令枝生"下"妒"，原脱；"減卻"下"津"，原脱。據《洛陽花木記》補、刪。

⑤ "木枝"，原作"木之"，據《洛陽花木記》改。

片切斷其根，不用鐵器，又不可傷其根上細鬚。移栽肥土，用黄土尤佳。栽時，記取南枝，掘坑，提置坑中，四圍用鬆泥滲實，勿令脚踏。根不宜太深。數日，以糞水澆之。一二年即開花。切記，分後不可搖動，及水浸日曬皆不活，須以小籬竹圍栅之。冬間亦可分，但不如秋分之及時耳。

栽花法

《洛記》云："凡欲栽花，須於四五月間先治地。① 如地稍肥美，即翻起深二尺以上，去瓦礫，頻鋤削，勿令生草，至秋社後九日前栽之。若地多瓦礫或帶鹽滷，則鋤深三尺以上，去盡舊土，別取新好黄土換填。切不可用糞，用糞，即生蠐螬而蠹花根矣，②根蠹，則花頭不大而不成千葉也。栽花不欲深，深則根不行而花不發旺也，但以瘡口齊土面為佳，此深淺之度也。掘土坑，須量花根長短為淺深之准，坑欲闊而平，土欲肥而細。先於土坑中心拍成小土墩子，③欲上銳而下闊。將花於土墩上坐定，然後整理花根，令四向橫垂，勿使屈摺為妙。然後用生黄土覆之，以瘡口齊土面為准。"潁濱《補種牡丹》云："野草凡花着地生，洛陽千葉種難成。姚黄性似天人潔，糞壤埋根氣不平。"又《同遲賦千葉牡丹》云："未換中庭三尺土，漫種數叢千葉花。"

牡丹初移，有蕊不可留，亦不可以手犯之，宜以銀簪點其中，花蕊自萎，勿用鐵針。又，牡丹結蕊，交春時鴉雀白頭公之屬逴逴啄碎，須加意驅逐，愛惜花蕊，每花頭或用落葉卷

---

① "於"，原作"用"；"間"，原脱。據《洛陽花木記》改、補。
② "蠐螬"下，原衍"蟲"字，據《洛陽花木記》刪。
③ "墩"，原作"塢"，據《洛陽花木記》改。

扎，使不得近。韓魏公《安陽集》云：“《牡丹初芽爲鴉啄之感而成咏》云：‘牡丹經雨發香芽，滿地新紅困餓鴉。利嘴可能傷國艷，只教春色入凡花。”①蓋有所感云。

打剥花法

《洛記》云：“凡千葉牡丹，須用八月社前打剥一番。每株上只留花頭四枝以下，餘者皆可截作接頭，於祖上接之。候至來年二月間，所留花芽小葉見，其中花蕊，切須仔細辨認。若花芽頭平而圓實，即留之，此千葉花也。若蕊尖虛，即不成千葉，當須去之。每株只留三兩蕊可也，花頭多，即不成千葉而開頭小矣。”《瑣碎録》云：“牡丹著蕊如彈子大時，試捻之，②十朵之中必有兩三朵不實者，去之，則不奪他花之力。”

澆壅法

牡丹喜燥惡濕。不可用雨水浸其根，浸之必不盛。若天旱，宜用水或糞水澆，勿令枯槁。牡丹用猪泥糞不生蟲，用犬糞羊糞曬乾搗碎壅根，極肥。牡丹旁栽魚腥草及辟麝草，則不生蟲。《瑣碎録》云：“牡丹將開，不可多灌，土寒則開遲。③剪花欲急，急則花無傷。”又云：“牡丹、芍藥插瓶中，先燒枝斷處，令焦，鎔臘封之，乃以水浸，可數日不萎。”

---

① “餓鴉”、“國艷”，原作“鵲鴉”、“國色”，據《安陽集》改。
② “捻”，《瑣碎録》作“撿”。
③ “遲”，原作“遽”，據《瑣碎録》改。

芍藥

芍藥，《古今注》曰：“一名可離。”①一名餘容，一名犁食，一名解倉，一名鋋。春生紅芽，作叢，莖上三枝四葉，似牡丹而狹長。三四月中著花，有紅、紫、黄、白之異，而以黄爲貴。《洛陽花木記》所載至四十餘品。其花敷腴盛大而纖麗巧密，如冠如髻，如鞍如樓，亦牡丹之亞也。故昔人謂牡丹花王，芍藥花相。本出楊州，楊州之芍藥冠天下。其芽可食，其根有赤、白二色，俱入藥。

《洛陽花木記》云：“分芍藥，秋分爲上時，②八月爲中時，九月爲下時。取芍藥，須闊鋤，勿令損根，每窠留四芽。根不欲深，深則花不發旺，令花根低如土面一指以下爲佳。臘月用濃糞澆。③ 春間更看花蕊圓平而實，即留之，虚大者無花。新栽每窠止可留花頭一二朵，候一二年花方得地力，方可留四五朵，花頭多即不成千葉矣。”

王觀《芍藥譜》云：“維楊人以治花相尚。九、十月時，悉出其根，滌以甘泉，剥去老腐之處，揉條，沙糞以培之，④易其故土。凡花大約三年或二年一分，分種向陽處所，⑤不分則舊根老硬而侵蝕新芽，然分又不宜數，數則花小。花之顏色淺深與蕊葉繁盛，皆出於培壅剥削之力。若覆以雞糞，渥以黄酒，則花能改色。開時扶以竹篠，則花堪耐久。⑥ 花既萎

---

① “可離”，原作“何離”，據《古今注》改。
② “秋分爲上時”，《洛陽花木記》作“處暑爲上時”。
③ “臘月用濃糞澆”，《洛陽花木記》作“不得用糞”。
④ “條”，《文淵閣四庫全書》本《揚州芍藥譜》（以下簡稱《芍藥譜》）作“調”。
⑤ “分種向陽處所”，《芍藥譜》無。
⑥ “若覆”至“耐久”共二十五字，《芍藥譜》無。

落，亟翦去子，屈盤枝條，使不離散，則脈理皆歸於根，明年花繁而色潤。”

《水雲錄》云：“十二月取茂盛者，用竹刀劈作兩開，以粗糠及黑糞土栽之，仍用糞水澆灌二三次，則來年花盛。若用鐵器分，或春間移之，則不開花。”

允齋《花史》曰：“芍藥，用小便澆易開花。或云：芍藥於秋後鋤去舊梗，以糞沃之。牡丹亦於冬間將根邊周圍掘開作溝，灌以糞水，花方盛。俗謂‘芍藥剃頭，牡丹洗足’，蓋如此云。”

杜鵑

杜鵑，一名石榴花，極爛熳，以杜鵑啼時開得名。《遵生八牋》云：“花有三種。”[1]張志淳《永昌二芳記》載：“杜鵑、山茶各數十種，大都花性喜陰畏熱，不畏霜雪。種用山泥，揀去粗石，羊矢浸水澆之，更置樹下陰處，則花葉青茂。有用豆餅浸水，候黑色澆之，更妙。”《灌園史》曰：“自初夏至深秋，宜日以河水灌之。”一種山鵑，花大葉稀，先開一日，一名石巖。然實非也。石巖先敷葉，後著花，其色丹如血。杜鵑先著花，後敷葉，色差淡。

潤州鶴林寺有杜鵑花，相傳正元中，外國僧自天台鉢中以藥養其本，來植此寺。人或見女子紅裳佳麗游於花下。殷七七能開非時之花，女子謂七七曰：“欲開此花乎？吾爲上帝所命，下司此花，在人間已逾百年，非久即歸閬苑去，今與道者共開之。”來日花果盛開，如春夏間。數日花俄不見，亦無

① “遵生八牋”，原作“尊生八牋”，據《遵生八牋》改。

落花在地。

宋培桐曰："石巖乃日顏，石巖則訛字也。杜鵑、春鵑、日顏非一種，因花之相似，故人皆誤稱其為杜鵑耳。竟不知杜鵑長止尺許，春鵑長有丈許，其枝幹盤圓五六臺者。日顏枝葉若黃楊之狀，盤圓大如輪，花茂如錦，價甚貴。"

顧長佩《花史》云："杜鵑花，有大紅、粉紅二色。春初扳枝著地，用黃泥覆之，俟生根，截斷，來年分栽。"又云："浙人分杜鵑用掇法，以竹管套於枝上，肥土填實，俟生根鬚，截下栽之。"《瑣碎録》云："杜鵑花，止用雨水澆，最忌糞。"

卷之七

吴郡周文華含章補次

木本花部下

海棠 鐵梗、西府、垂絲

　　海棠，花最艷麗，凡三種。單葉深紅者曰鐵梗。《便民圖纂》云："鐵梗者，色如胭脂。"《松江府志》云："磬口，深紅，綴枝作花者，名貼梗海棠。"則又名貼梗矣。貼梗與木瓜花相似而不結子，故木瓜亦冒海棠之名。木瓜葉粗，花先開。貼梗葉細，花後開。以此爲別。單葉桃紅者曰西府。初開時嬌媚無比，與錦帶色相似而西府尤勝，稍久則漸潦倒不足觀已。結實如小花紅，秋深始熟，味酢而澀。沈立作《海棠記》指此。范石湖所狀金林檎，疑即此也。多葉粉紅者曰垂絲。《水雲錄》云"垂絲海棠，柔枝長蒂，垂英向下"是也。此花既多葉而色尤嬌，石湖以爲類小蓮花，信然。

　　《便民圖纂》云："春間，攀其枝著地，以土壓之，自生根。

二年鑿斷,二月移栽。①"此指貼梗。然今人多不用壓,直於根內分栽,分時在正月中。《浣花雜志》曰:"壓枝必在秋分,移栽必在春分,鑿根則不拘時候。如三月間移栽,恐難活。西府於梨樹、花紅樹上接,垂絲於櫻桃樹上接。或云西河柳亦可接,然未試驗。二種接換,各就其花之似者,故易活。"《瑣碎錄》云:"冬至日,早以糟水澆根下,則花盛而色鮮。"又云:"海棠,候花謝結子即翦去,來年花盛而無葉。"

木瓜

　　木瓜,葉如鐵梗海棠而大,花亦似之。至春末發葉,先開花,深紅色。《圖經本草》曰:"木瓜,處處有之,宣城尤佳。其木狀似柰,其花生於春末而深紅色。其實大者如瓜,小者如拳。《爾雅》謂之楙。郭璞云:'實如小瓜,味酢,可食,不可多,無損亦無益。'宣州人種蒔尤謹,遍滿山谷。始實成,則簇紙花傅其上,夜露日暴,漸而變紅,花紋如生,用以充土貢。其大枝可作杖,謂策之利筋脈。根葉煎湯,淋足脛,則無蹷疾。又,截其木乾之,作桶以濯足。"

　　陶隱居云:"如轉筋時,但呼其名,以手指作書'木瓜'二字於患處,即愈。"誠不可解。《衍義》曰:"木瓜,得木之正,故入筋。以鉛霜塗之,則失醋味,②受金之制也。此物入肝,故益筋與血。病腰腎腳膝無力,不可闕也。"

　　《爾雅翼》曰:"其木可以爲材,故取幹之道,木瓜次之。③又可毒魚。齊孝昭北伐庫莫奚,至天池,以木瓜灰毒魚。"

---

① "二月",原作"三月",據《便民圖纂》改。
② "醋",原作"錯",據《衍義》改。
③ "瓜",原脫,據《爾雅翼》補。

《農桑撮要》云："八月，栽木瓜。秋社前後移栽之，次年便結子，勝如春間栽者。壓枝亦生。①栽種與桃李法同。霜降後摘取。"凡用勿犯鐵器。

《王氏農書》："蜜漬木瓜法：先用竹刀切去皮，煮令熟，浸水中，拔去酸味，卻以蜜熬成煎，藏之。又，宜去子，爛蒸，搞作泥，入蜜與薑，作煎，飲用，冬月尤美。"

玫瑰

玫瑰，玉之香而有色者，以花之色與香相似，故名。今人呼爲梅桂，《水雲錄》亦同此。豈以其合二花之清香耶？花類薔薇而色紫香膩，艷麗馥鬱，真奇葩也。《西湖游覽志餘》云："宋時，宮院多采之，結爲香囊，芬氳裊裊不絕，故又名徘徊花。其似是而非者，名繰絲花。"此花亦與薔薇同開。三四月間收花，陰乾，入茶葉內，極香。摘花瓣，搗爛，和白糖霜梅，印成小餅，略唸一二，滿室俱香。又，取花瓣，搗入香屑，製作方圓扇墜，香氣襲人，經歲不改。

正月杪二月初分栽。有云十月後移，則地脈冷，多不活。大凡花木不宜常分，唯此花嫩條新發，勿令久存，即移栽別地，則種多茂，故又謂之離娘草。若本根太肥，則翻致憔悴。最喜溝泥壅。或云"其性好潔，人溺之即死"者，謬也。

繡毬 八仙附

繡毬花，藤生，一蒂而眾花攢聚，圓白如流蘇，儼然一毬也。初青後白，開與牡丹同時，潔白富麗，他花罕比，特欠標

---

① "壓枝"，原作"壓之"，據《農桑撮要》改。

格,少香韻耳。顧東橋詩:"不惜荆山玉,裝成素錦毬。春風解憐汝,抛擲與誰收?"夏禹錫亦謂綉字有未當,改名素毬。又一種花小而葉繁者,謂之麻葉綉毬,而開亦同時。又有八仙花,只八蕊,簇成一朵,亦自奇特。今人多於八仙上挨接綉毬,亦以其花相似故。

《水雲録》云:"先取八仙花栽瓦盆中,候春間連盆移就綉毬花畔,將八仙梗離根七八寸刮去半邊皮,約長一二寸,將綉毬嫩枝亦刮去半邊,彼此挨合一處,用麻纏縛,頻用水澆,候樹皮連合,截斷綉毬花下餘枝,次年開花,即如巨樹所生暢茂。凡諸花皮葉相似者,皆用此法挨接。"

山礬

山礬,葉如冬青,三四月開花,花小而香,四出。一名七里香,一名鄭花,北人呼爲瑒花。瑒,玉名,取其白也。黃魯直《山礬花序》云:"江湖南野中,有一種小白花,高數尺,春開極香,野人號爲鄭花。王荆公嘗欲作詩而陋其名,予請名曰山礬。野人采鄭花葉以染黃,不借礬而成色,故名山礬。海岸孤絕處補陀落伽山,譯者以爲小白花山,予疑即此山礬花耳。"[①]《一統志》云:"山礬,邛縣出,花繁如雪,香氣極濃。"

陸深《春風堂隨筆》云:"世傳花卉,凡以海名者,皆從海外來。予家海上,園亭中喜種雜花,最佳者爲海棠。每欲取名花填小詞,使童歌之。有海紅花、海榴花,更欲采一種爲四闋,累年不得。辛丑南歸,訪舊至南浦,見堂下盆中有樹婆娑

---

① "南野"上"湖",原脱;"予請",原作"因請";"葉以染黃"上"花",原脱。據《山谷集》補、改。"落伽"二字,《文淵閣四庫全書》本無。

鬱茂。問之，云海桐花，即山礬也。因憶山谷賦《水仙花》‘山礬是弟梅是兄’。但白花耳，卻有歲寒之意。”今人家墳墓及園亭多植之，二月中可分栽。

栀子

栀子花，一名越桃，一名林蘭，佛書又云薝蔔花，比爲禪友。杜悰建薝蔔館，形亦六尺，器用之屬皆象之。其實七棱。單葉者結實，可以供染。千葉者不結子，色潔白而香酷烈。五月中，帶花移栽。梅雨中，取嫩枝插肥土中，即活。《便民圖纂》云：“十月，選成熟者取子，淘淨曬乾，至來春三月斸畦種之，覆以灰土，如種茄法。次年三月移栽，第四年開花結實。”《瑣碎錄》云：“黃栀子，候其大逐時摘青者曬收，至黃熟則消化爲水。”言收貴早也。千葉栀子不必扦插，止用土壓旁生小枝，逾年自生根，分栽極易活。此花喜肥，頻以糞水沃之，則盛。折枝插瓶，須槌碎其根，實以白鹽，則花色不改。

茉莉

茉莉，叢生，高二三尺，亦有丈餘者。五六月開小白花，清麗而芳郁。蔡襄詩云：“團圓茉莉叢，繁香暑中折。”江奎詩云：“靈種傳聞出越裳，何人提挈上蠻航。他年我若修花史，列作人間第一香。”又云：“雖無艷態驚群目，幸有濃香壓九秋。應是仙娥宴歸去，醉來掉下玉搔頭。”[1]蓋花之形狀宛如玉搔頭也。《丹鉛續錄》云：“茉莉花，見嵇含《南方草木狀》，

---

[1] “何人”，原作“何年”；“濃香”，原作“清香”；“掉”，原作“卓”。據《全宋詩》卷 3432 江奎《茉莉花》詩改。

稱其芳香酷烈。胡人自西國移植南海，①宣和中名著艮岳，列芳草八，此居一焉。八芳者，金蛾、玉蟬、虎耳、鳳尾、素馨、渠那、茉莉、含笑也。陸賈《南行記》曰：‘南越五穀無味，百花不香，獨茉莉不隨水土而變。’②《洛陽名園記》云：‘遠方奇卉，如紫蘭、抹厲。’《王梅溪集》作‘没利’，又作‘抹利’，《陳止齋集》亦作‘抹利’，《晦庵集》作‘末利’，《洪景廬集》作‘末麗’，佛書《翻譯名義》云：‘末利曰鬘華，堪以飾鬘，此土云奈。’③《晋書》‘都人簪奈花，云爲織女戴孝’是也。則此花入中國久矣。”升庵辨博，故悉著其名如此。

此花有單葉，有重臺。《八閩通志》云：“有一種紅色，曰紅茉莉，穗生，有毒。”《海槎餘録》云：“茉莉花最繁，不但婦人簪之，童稚俱以綫穿成釧，縛髻上，香氣襲人。”其多如此。今江東及吳地所有，皆從江右載來，唯贛州者尤佳。舟行路遠，率用礱糠入盆底，④取盆輕易携。

種法：須以新泥易去故土，翦摘枯枝老葉，周圍插細竹，以麻皮輕輕縛住，曬於日中，每日用濃糞澆，或有以鹿糞壅者。《桂海虞衡志》云：“日澆淅米漿，則作花不絕，可耐一夏，花亦大且多葉，倍常花。或用潲豬湯，六月六日宜用治魚腥水一漑。”⑤《瑣碎録》云：“雞糞壅茉莉則盛。”《水雲録》云：“四月插茉莉。此花最香而畏寒，唯寶珠者貴，宜於此月。從

---

①　“胡人自西國移植南海”，《丹鉛續録》無。

②　“陸賈”至“而變”共二十五字，《丹鉛續録》無。

③　“洪景廬”下“集”，原脱，據《丹鉛續録》補。“此土”，《丹鉛續録》亦作“此土”，疑誤，當作“北土”。

④　“礱”，原誤作“壟”，徑改。

⑤　“海虞衡志”上“桂”，原脱；“米漿”，原作“水漿”。據《桂海虞衡志》補、改。“或用潲豬湯”五字，《桂海虞衡志》無。

節上摘斷，插肥土中即活。"

《廣州府志》云："抹麗較諸素馨，其香尤旖旎。或名抽花。春末夏初開，蕊圓白即折，香似荼蘼花，氣極清，最可薰茶。其性畏寒，往往凍死，宜於十月中移置南廡下向陽，日以河水灌潤，勿使乾燥，又勿令冰凍，至來春十無一死，花益繁盛。"又云："茉莉最惡春風，南風尤甚。清明後將交黃梅，方可出，出之又當以漸爲佳。"或云："寒露入室，立冬用棉花子覆根，高五寸許。取筱作圈，大小長短如其形，以紙糊圈，罩花上。五六日一開，略澆冷茶，仍前甕蓋，直至立夏取出。去土一層，填新泥，用水澆，俟芽長方用糞。次年起根換土，令栽。"或云："取溝瀆肥泥爛草盫過，煨以猛火，和皮屑鋪盆種，其花倍發。"

夾竹桃

夾竹桃，本名枸那花。《桂海虞衡志》云："枸那花，[1]葉瘦長，略似楊柳，夏開淡紅花，一朵數十萼，至秋深猶有之。"《八閩通志》云："俱那衛，三山人呼爲半年紅。曾師建《閩中記》謂之渠那異。其種來自西域。木高丈餘。今名夾竹桃，謂花似桃、葉似竹也。"[2]

《水雲錄》云："三月栽。夾竹桃，一名桃花柳葉。其性惡濕畏寒。四月開花，至十月始歇。宜於向陽處肥土栽之。"此花出於南方，今吳中盛行。好事者以大竹管韜於枝節間，肥土填貯，久之生根，截下，遂成別本。十月間取置室中，來春

---

① "枸"，原作"拘"，據《桂海虞衡志》改。
② "俱那衛"，原作"拘那衛"；"木"，原作"本"。據《八閩通志》改。

取出，否則凍死。唐荆川詩云："桃竹舊傳生碧海，竹桃今見映朱闌。春至芬香能共遠，秋來花葉不同殘。疏英灼灼分叢發，密蕊菲菲對節攢。不信千年將結子，錯疑竹實待栖鸞。"蓋亦甚珍之云。

二至花

二至花，枝柔葉細。《姑蘇志》云："葩甚細，色微紺，開於夏至，斂於冬至，故名二至。又曰如意花。"或呼爲柳穿魚，蓋其枝似柳而花似魚也。唯姑蘇最多，有結成樓臺鳥獸以求售者。《浣花雜志》云："性易栽，好潔惡糞。如欲其茂，以豆餅浸水，俟作黑色，濾清澆之。或用熟豆壅根尤佳。"

金絲桃金梅附

金絲桃，樹高二三尺，五月初開花，花六出，中有長鬚，花瓣大於桃，其形狀宛如桃花，但色異耳。春分時可分栽。又一種似梅者，名金梅，其花差小，比金桃似勝。

薇花

薇花，凡五種，紫色之外，有大紅者，有淡紅者，又有白色者曰銀薇，有紫帶藍者曰翠薇。少搔其本，則枝葉俱動，俗名怕癢花。《酉陽雜俎》云："北人呼爲猴郎達樹，謂其無皮，猴不能捷也。"樹身光滑，高丈餘。花瓣細皺，俗呼爲皺紗花。蠟跗，茸萼，赤莖，對葉生。五月中花開，直至六七月，爛熳可愛。又名百日紅。《癸辛雜識》云："百日紅，即紫荆桐也。"按《南方草木狀》云："紫荆桐花，嶺南處處有之，自初夏生至秋，蓋草也。葉如桐，其花連枝萼，①皆深紅。"今紫薇乃木本，不應冒赬桐之名，而《興化志》紫薇、赬桐各出，不可混也。鄭都官詩："大樹大皮纏，小樹小皮裹。庭前紫薇花，無皮也得過。"語雖俚鄙，乃實錄也。

此花易植，無事功力。根側有鬚者，正月中分栽。扦插亦活。喜陰惡日，栽叢林下不蔽雨露處方茂。

桂花

桂花，一名巖桂，謂其多生巖嶺間也。俗稱木犀，《興化府志》又名九里香。有數種，惟深黃色者花蕾繁簇，香尤清烈，俗謂之毬子木犀，此爲第一。《群書一覽》以紅爲狀元，黃爲榜眼，白爲探花，蓋取其色之紅耳。其實紅劣於黃，至白色者尤劣。有先數日開者爲早黃，有四時開者，有結子者。

《吳邑志》云："花時凡三開，畏風雨。堪作餅、入茗及拌楊梅作蜜餞，②其用非一。"以白酒娘浸之，冬入釀，曰桂花三白，清香異常。

《允齋花譜》云："木犀，七月內用猪泥糞壅。"《灌園史》云："栽桂之法：灌以猪糞，壅以鹽沙。如患蛀損，取芝麻梗懸之樹間，能殺諸蟲。"《浣花雜志》云："桂花，最惡糞，如用猪糞澆，必死。欲其茂盛，栽之向陰處所，壅以臘雪。春分、秋分二時，將河泥壅高尺許。或云：用油腳澆之，即盛。欲取其花，俟開既盛，須用竹篾箍其本，以寸木砧緊，明晨花自盡脫。"《便民圖纂》云："四月間扳樹枝著地，以土壓之，至五月

① "其花"，原脫，據《南方草木狀》補。
② "餞"，嘉靖《吳邑志》作"煎"。

自生根,一年後截斷,八月移栽。"《種樹書》曰:"木犀接石榴,其花必紅。"惜未曾試耳。

丹桂,古未聞。《話腴》云:①明之象山士子史本有木犀,忽變紅色,異香。因接本,獻闕下。高宗雅愛之,畫爲扇面,題二絕云:"月宮移就日宮栽,引得輕紅入面來。好向烟霄承雨露,丹心一點爲君開。""秋入幽巖桂影團,香深粟粟照林丹。應隨王母瑤池宴,染得朝霞下廣寒。"然范文正公記竇氏,有"丹桂五枝芳"之句,則前此已有之矣。《浣花雜志》云:"丹桂,即紅桂。"

芙蓉

芙蓉花,九月霜降時開,故又名拒霜。今圃中有四種,純紅者先開,淡紅與白者次之。醉芙蓉,俗名三醉芙蓉,朝紅暮白,花極早,與紅色同開。又有處州種,一枝而紅、白二色,自長洲趙處州官舍携歸,傳此種於吳。

《便民圖纂》云:"十月間斫舊枝條,盦稻草灰內,或埋濕潤處,不令乾。② 二月初,截作尺許長,插土中,自生根,待花開分栽,近水尤盛。"故必栽池塘四圍。昔人云:芙蓉能驅獺不來食魚,以其葉能傷獺毛,使爛及皮肉。此未必驗。

又名木芙蓉。王介甫詩:"水邊無數木芙蓉,露滴胭脂色未濃。正似美人初醉着,強抬青鏡照妝慵。"③又名木蓮。白樂天詩:"晚涼思飲兩三杯,召得江頭酒客來。莫怕秋無伴醉物,水蓮花盡木蓮開。"

---

① "話腴",原作"談腴",據陳郁《藏一話腴》改。
② "或埋濕潤處不令乾"八字,《便民圖纂》無。
③ "露滴",《臨川文集》作"露染";"青鏡",原作"清鏡",據《臨川文集》改。

凡扦插芙蓉，斫樹枝如芙蓉枝釘，作小穴，填糞令滿，然後插入，上露寸許，遮以爛草，方易活。

《農桑撮要》云：“候芙蓉花開盡，帶秸漚過，取皮，可代麻苘。”又，白芙蓉葉霜降後收之，陰乾爲末，可合圍藥。

蠟梅

蠟梅，叢生，葉如桃而闊大堅硬，蠟月開花，香，色似蠟。范成大《梅譜》云：“本非梅類，以其與梅同時而香又相近，[①] 色酷似蜜脾，故名蠟梅。”凡三種。夏間子熟，采而種之，秋後發芽，澆灌得宜，數年方可分栽。不經接者，花小香淡，其品下，俗呼狗蠅梅。或作九英，以其花九瓣故也。經接者，花肥大而疏，雖盛開，花常半含，名磬口梅。最先開，色深黃如紫檀，花密香濃，名檀香梅，此品最佳。蠟梅香極清芳，殆過梅香，初不以形狀貴也。張伯雨《蠟梅詩》云：“商略羅浮水月鄉，論資也合地黃香。蠟珠誰與僧虔戲，綴作斜枝小鳳皇。”花開時無葉，葉盛則花已盡矣。結實垂鈴，尖長寸餘。以十月中分栽。

《浣花雜志》云：“臘梅，不宜接，但宜過枝。以狗蠅小本栽大本邊，扳其枝，用麻皮縛緊，候皮相粘，下截臘梅，上去狗蠅，便成佳本。春分移栽，澆用半水糞。或曰：蠟梅花不可嗅，嗅之則頭痛。試之信然。”又云：“漾蠟梅花水不可飲，飲之有毒，蠟梅尤甚。”

王梅溪曰：“東南蠟梅，葉落始開。峽中地暖，花開而葉不落。”宋山甫知縣云：“大寧監多蠟梅，土人不識，呼爲狗蠅花。”

---

① “與”上“其”、“與”下“梅”，原脱，據《梅譜》補。

天竹

天竹，形似竹而柔脆如薔薇，四五月間開細白花，至秋結子成穗，色紅。老杜所謂"紅如丹砂"，此足以當之。《齊雲山志》云："天竹，實幹，敷枝葉於頂，雪中結紅實。"鳥雀喜啄之。其性喜陰，植必宜牆下，至有長丈餘者。秋後分栽。《浣花雜志》云："栽天竹，必用山黃泥。或不於背陰處，必不茂。不宜糞澆，止用肥土頻壅其根，自然茂盛。"

虎刺

虎刺，如狗橘，最難長大，宜種陰濕地，春初分栽。四月開細白花，花四出，花開時，子尤未落，紅白相間，甚可愛。花落結子，至冬，紅如丹砂。有二種，葉細者佳。吳人多植盆中，以爲窗前之玩。宜頻用梅水澆。

卷之八

吴郡周文華含章補次

條刺花部

迎春<small>金雀花附</small>

迎春，栽巖石上則柔條散垂，花綴於枝上，甚繁。以十二月及春初開花，故名迎春。花黃色。晏元獻詩："淺艷侔鶯羽，纖條結兔絲。"韓魏公詩："覆欄纖弱綠條長，帶雪沖寒拆嫩黃。① 迎得春來非自足，百花千卉任芬芳。"

《水雲錄》云："宜候花放時移栽肥土，以退牲水澆之則茂。"

或云即金雀，非也。迎春與金雀枝柯相似而有強弱之異。金雀葉如槐而有小刺，二月盡始花，花色亦黃，其形如爵，是以名之。

取其花，用沸湯綽過，輕鹽醃之，曬乾點茶，甘香可口。

---

① "拆"，原作"柝"，據《安陽集·中書東廳十咏·迎春》改。

棣棠

棣棠，叢生，二月中開黃花，花如垂絲海棠，故名曰棠。《忠雅》云："棣棠，春發青苗，弱不能挺立，舒葉如麻而小。"三月開黃花如小菊，至秋尚存，間遇風雨，亦不凋謝，蓋花之耐久者也。《松江府志》云："棣棠，葉如酴醾而小，條長無刺，花深黃如菊，附幹而生。"今按，此花開落相因，故見其久，謂如酴醾，大謬。以發條時分栽，或於春分前斫其枝條長尺許，扦之亦活，蓋易生之物。

薔薇佛見笑、金沙、荷花寶相、月季、十姊妹、五色、黃、白、紫

薔薇，藤生，青莖，多刺。三月盛開，爛然如錦。生子若杜棠子，《本草》名營實。范成大《吳郡志》云："薔薇花，有紅、白、雜色。陸龜蒙詩所謂'倚牆當户，一端晴綺'者，紅薔薇也。皮日休《泛舟》詩所謂'淺深還看白薔薇'者，則是野薔薇耳。生水邊，香更穠郁。① 紅花則有金沙、寶相、刺紅、紫玫瑰、五色薔薇等，白花又有金櫻子、佛見笑等，②皆薔薇類也。又有黃薔薇一種，格韻尤高。"

《便民圖纂》云："三月、八月斫取新發氣條，扦插肥土，旁須築實，勿使傷皮，外留寸許，長則易瘁。"③

今吳中薔薇，自紫玫瑰、金櫻子外，又有數種，有豬肝薔薇，紅赤色，花大，葉繁而粗，開最先。

---

① "生水邊香更穠郁"，《吳郡志》作"水邊富有之"。
② "白花"，原脱，據《吳郡志》補。
③ "三月"至"易瘁"共二十六字，《便民圖纂》作"三月八月斫取二三寸長者插土中旁須築實插時不可傷損其皮恐不生根"。

《八閩通志》云：“金沙，亦玫瑰之流，而香不及。山谷詩云：‘紫綿揉色染金沙。’”①王介甫詩云：“海棠開後數金沙，高架層層吐絳葩。咫尺西城無力到，不知誰賞魏家花。”今有一種，千葉，深紅，一枝一花，端莊富麗，疑即金沙也。

《通志》又云：“寶相，藤生，花類酴醾，而秀整過之。”今有荷花薔薇，千葉，桃紅，比之佛見笑稍覺緊束，形如荷花，疑即寶相也。

刺蘪，葉細，多刺，四月中開花，比薔薇、木香諸花最後，其花粉紅色，亦有白者，類玫瑰而無香。或指玫瑰爲刺蘪，誤也。今有花堆千葉，如刺綉所成，開最後。

又有五色薔薇，葉多而小，一枝五六朵，有深紅、淺紅之別。

又有十姊妹，一云七姊妹，一枝七朵，紅白相間，千葉，形似薔薇而小。楊孟載詩：“紅羅鬥結同心小，七蕊參差弄春曉。盡是東風兒女魂，蛾眉一樣青螺掃。三姊娉婷四妹嬌，綠窗虛度可憐宵。八姨秦國休相妒，腸斷江東大小喬。”②

佛見笑，初開甚富麗，稍久則爛熳，不足觀。

諸種唯紅薔薇、五色薔薇、荷花薔薇三品最佳。聞有黃薔薇，花如棣棠，金色，有淡黃、鵝黃諸種，皆未經見。

又，月季，叢生，枝幹多刺而不甚長，其花紅色而有深淺之異，亦與薔薇相類而有香，因花開四季，故得名。韓魏公詩：“牡丹殊絕委春風，露菊蕭疏怨晚叢。何似此花榮艷足，四時長放淺深紅。”今人誤爲月桂。又名長春，又名勝春，又

---

① “染”，《八閩通志》引作“似”，據《山谷集》改。
② “三姊”，原作“三妹”；“秦國”，原作“秦虢”。據《眉庵集》改。

名鬥雪紅,《潁州志》作月繼,俗名月月紅。總之,一物而異其稱耳。其花可醫癭頸,宜收用。

春初分栽,扦亦可活。《瑣碎録》云:"月桂花葉常苦蟲食,以魚腥水澆之,乃止。"《浣花雜志》曰:"薔薇,木香之屬。壓枝爲上,扦枝次之。扦潮沙土易活,黃泥土難活。必先杵其穴而入其莖,以肥細土填滿,四面築實,即生根。"

酴醾木香附

酴醾,蔓生,緑葉,青條,承之以架。有大小二種。小者有黃、白二色。《興化府志》云:"有紅者,俗呼番酴醾,不香。唯白者香甚。"《唐書·音訓》:"酴醾,本作稌麋,因洛京進酴醾酒,其色相似,故加西云。"《一統志》:"酴醾花,成都縣出,蜀人取之造酒。"四月初開花,極盛。古詩"開到酴醾花事了"即是。今人呼大者爲酴醾,小者爲木香。《允齋花譜》云:"木香雖小,而香味清遠,酴醾似不及。"然觀古人詩,推許鄭重。如韓持國云:"平生爲愛此香濃,仰面常迎落架風。每至春歸有遺恨,典刑猶在酒杯中。"①東坡云:"酴醾不爭春,寂寞開最晚。青蛟走玉骨,羽蓋蒙珠幰。不妝艷已絶,無風香自遠。淒涼吳宮闕,紅粉埋故苑。至今微月夜,笙簫來絶巘。餘妍入此花,千載尚清婉。怪君呼不歸,定爲花所挽。昨宵雷雨惡,花盡君應返。"②山谷云:"肌膚冰雪薰沉水,百草千花莫

---

① "平生"至"杯中"共二十八字,原作"平生爲愛此花濃仰面常迎落絮風每恐春歸有餘恨典刑元在酒杯中",據《南陽集》改。

② 二句中"最晚",原作"較晚";四句中"珠幰",原作"翠幰";九、十句,原脱;十一句中"餘妍",原作"餘香";十二句"清婉",原作"淒惋";十三至十六句,原脱。據《東坡全集》改、補。

比方。露濕何郎試湯餅，日烘荀令炷爐香。風流徹骨成春酒，夢寐宜人入枕囊。輸與能詩王主簿，瑤台影裏據胡牀。"①

　　常疑古人無單咏木香者，豈以如此之花而蘇、王反見遺？抑其所咏酴醾即今之木香，而今之酴醾果足當蘇、王諸公之咏否？按《格物論》所載酴醾形狀："藤身，青莖，多刺。每一穎著三蕊品字，青跗，紅萼，及開變白，香微而清，盤曲高架。"正與今所呼木香同。《姑蘇志》云："木香，一名酴醾。"又，諸書中並無木香，可引爲證，則蘇、王所咏，直是今之木香耳。唯宋學士陶穀云："洛陽故事，賣酴醾、木香插枝者，均謂百宜枝杖。二花並列，卻是有別矣。"總之，二種同時開花。

　　若扳枝入土，壅泥月餘，俟其根長，截斷移栽。或扦肥地陰濕處，如扦薔薇法，亦易活。一二年後分栽。

錦帶

　　錦帶，條生，三月開花，形如鋼鈴，內外粉紅，亦有深紅者，一樹常二色。其花嬌麗近海棠，嗅之，略有香意。《姑蘇志》云："長枝密花，如錦帶然。雖在處有之，而吳中者特香。王禹偁云：'花譜謂海棠为花中仙，此花品在海棠上，宜名海仙。'作詩云：'一堆絳雪壓春叢，裊裊長條弄晚風。借問開時何所似？似將繡被覆薰籠。②'何年移植在僧家，一簇柔條綴彩霞。錦帶爲名卑且俗，爲君呼作海仙花。'"

　　《歲時廣記》云："初生葉柔脆可食。老杜詩云：'滑憶雕

---

　　① 六句中"枕囊"，原作"錦囊"；八句中"據"，原作"駐"。據《山谷集·觀王主簿家酴醾》改。

　　② "似將"，《姑蘇志》引作"好將"，據《小畜集》改。

胡飯,香聞錦帶羹。'"春時分植。《澠水燕談錄》云:"朐山有
花,①類海棠而枝長,花尤密,惜其不香,無子。既開,繁麗裊
裊,如曳錦帶,故淮南人以錦帶目之。王元之詩:'春憎窈窕
教無子,天爲妖嬈不與香。'"

木槿 佛桑附

木槿,一名朝菌。五月開花,花如小葵,葉如小桑。《八
閩通志》云:"木槿,有白,有紫,有粉紅。又有一種,花瑩白如
玉,中心無紫色者,名蕣英。郭璞云'蕣英不終朝',言朝開暮
落也。"

《爾雅翼》云:"木槿,今人植爲籬。《抱樸子》曰:'夫木
槿、楊柳斷植之更生,倒之亦生,橫之亦生。生之易者,莫過
於斯木也。② 仲夏應陰而榮,《月令》取之以爲候。'或呼爲日
及。陸機賦云:'如日及之在條,常雖及而不悟。③'木槿作
飲,令人得瞑,與榆同功。其花用作湯代茗,可以治風。然茗
令人不睡,木槿令人睡,爲異耳。"

正、二月扦插地上,河泥壅之即活。昔唐玄宗新折一枝
爲花奴插帽,④即此是也。

別有朱槿,即佛桑花,絕似木槿,大小稍異,今人多混之。
按《南方草木狀》:"朱槿花,莖、葉皆如桑,葉光而厚,樹高四
五尺而枝葉婆娑。自二月開花,至仲冬即歇。其花深紅色,

---

① "朐山",原作"煦山",據《澠水燕談錄》改。
② "易"下"者"、"斯"下"木",原脫,據《爾雅翼》補。
③ "如日"至"不悟"共十二字,陸機《嘆逝賦》作"譬日及之在條恒雖盡而
不悟"。
④ "新",疑當作"親"。

五出，大如蜀葵。有蕊一條，長於花葉，上綴金屑，日光所爍，疑若焰生。一叢之上，日開數百朵，朝開暮落。出高涼郡。一名赤槿。"《廣州府志》云："佛桑與朱槿花稍相似，葉如黃桑差小，州人呼爲小牡丹。其色殷紅，大如盞，有數種，白者、青者、小紅者、樓子者，四時皆有花。東坡詩曰'焰焰燒空紅佛桑'是也。"《八閩通志》："佛桑，葉類桑，花如牡丹而尤紅。又一種淡紅，一種淡黃。又有單葉者，色亦深紅可愛。"土人呼爲照殿紅。重瓣者，呼爲鶴頂。《海槎餘錄》云："佛桑花，枝葉類江南槿樹，花類中州芍藥而輕柔過之。開時當二三月，五色，婀娜可愛。"以此觀之，則佛桑與木槿自是二種，而《興化府志》云"佛桑，一名木槿"，《九江府志》云"木槿，一名佛桑"，豈有誤耶？

今吳中亦有佛桑花，自南方移來，色亦殷紅，唯易凍死。僧紹隆詩云："朱槿移栽梵室中，老僧不是愛花紅。朝開暮落渾閒事，始信人間色是空。"[1]

---

[1]　僧紹隆詩，《廣群芳譜》作"朱槿移來釋梵中老僧非是愛花紅朝開暮落關何事只要人知色是空"。

卷之九

吴郡周文華含章纂次

草本花部上

蘭 珍珠蘭、樹蘭、風蘭、箬蘭、紫蘭①

蘭，一名玉整花。自遠方來者，曰閩，曰贛。閩少而優，贛多而劣。凡葉闊厚而勁直、色蒼潤者，閩也。葉隘薄而散亂、色灰燥者，贛也。閩花大萼多而香韻有餘，贛花小萼少而香韻不足。就閩中亦自有異。從福州抵泉、漳五百里而遥，所産蘭彌奇，道路彌艱，梯山航海得之者尤邁等倫，然閩蘭來此地者十未一二。按舊譜有玉魷蘭。一曰玉幹，一曰魚魷，總名玉魷。其花皓皓純白，瓣上輕紅一綫，心上細紅數點，瑩徹無滓，如淨琉璃。花高於葉六七寸，故別名出架白。葉短勁而嬌細，色淡綠近白，香清遠超凡，舊譜以爲白蘭中品外之奇。有金棱邊。花、莖俱紫，其色鮮妍，復出他紫之上。一幹十二萼，花質豐腴而嬌媚動人，香清而鬱，勝於常品數倍。葉

---

① "珍珠蘭"至"紫蘭"共十一字，正文篇題無，今據卷前目録補。

蒼翠勁健，自尖起分，兩邊各綠，一黃紋直至葉中，映日鮮明，如金綫可愛，舊譜以此爲紫花中品外之奇。有朱蘭。花、莖俱紅，赫如渥赭，光彩耀日，短葉婀娜，一幹九蕚，香倍他花。有四季蘭。葉長勁蒼翠，幹青微紫，花白質而紫紋，自四月至九月相繼繁盛。聞諸閩人云，此種在彼處隆冬亦常有花，要不甚貴，蓋其所長獨勤於花耳。若宜興、杭州皆有本山蘭蕙，土人掘取，以竹籃裝售。吾蘇几案間皆以盆植之。其花香與閩埒，但質則一妍一癯而遠不逮矣。杭最早出，興即繼之。其品以白爲上，次紫，又次青。唯大垛不動、叢生結密者乃受培植，售者往往解散，故元氣泄傷，不堪養矣。須益其價，戒令勿拆原垛乃妙。蕙蘭亦然。一幹一花爲蘭，開在冬春之交。一幹數花爲蕙，昔魏武帝取以爲香燒之，開在冬末夏初。正與閩蘭各占一時，齋中兼蓄二友，即一年芳意綿綿不絕也。其封植有十五則：

一曰凡置得佳蘭，即須換盆。向因長途負荷，多是窄盆薄土，若因仍不換，則失養債事。其舊盆，輕手擊碎，勿動原泥。新缸須寬大而滲濕者，底敲大眼，用缸片襯起玲瓏，便於瀉水。下鋪生炭一層，上加好泥，以原垛齊缸口，四圍填平，稍稍澆水，令土勻適。又，蘭根之性頗與竹同，向上而長，不可埋太深，以鬱其發生之勢。若新泥，未能如法，姑稍待之，作速造成好泥聽用。未換盆時，宜加意愛護，勿爲日炙雨淋，土力方淺，不堪外侵耳。

二曰造泥。用此地好山土，去瓦石，曬乾，篩過。或入火燒通紅，或入鍋炒熱透，然後攤於磚地，用濃糞潑過，曬乾，再潑，或三次，或五次。再用草柴鋪上，猛火燒過，篩細收起，停久聽用。愈久愈佳，多經風雨尤善。若造完即用，則其土太新，糞中鹹毒尚存，求益反損。大抵植物莫不以土爲母，況芳草在盆受氣有限，全賴良土滋養，但能於土而盡乃心，種蘭之道思過半矣。

三曰凡泥太久力衰則換之，稍久不鬆則撥之。不換則氣不生發，不撥則水不滲漉。三年一換最爲調勻。慎毋輕易分栽，以泄元氣。蘭是他鄉之客，水土不習，況係肉根，脆如燈心，紛更之際，多涉危險。換土一策，因革兼用，既使氣暢土舒，而常自深根固蔕，雖遇暴寒，亦能無畏，真長策也。換土時，先用堅竹削成闊篦，如大剚子脚，輕手挑開，除去舊土，勿傷其根。加上新土，澆水待實，復加至平。土既帶肥，此後止澆清水，即饒益之道已寓其中，不假外求矣。若年深太盛，盆不能容，則換其盆。換新盆，必碎舊盆，故凡用盆不必大佳。每見有惜盆而損蘭者，可爲殷鑒。盆中有積年舊蘆腐頭，亦須輕挑宿泥，細心揀撥，擘而去之，以淨爲度，勿遽全盆動搖。蟻封蚓壤，亦乘換泥之便，仔細驅逐。蓋其本意，主於不大變更而隨時補偏救弊耳。

四曰蘭貴青翠。多以避日就陰爲善，殊不知其本自是與日相宜，但不可暴之太過耳。蓋群卉中唯此花得陽淑之氣爲最純，是以比德君子。唯初分新植者，根與土未相得，獨爲畏日，宜知趨避。其久植深根，本不畏日而未免於畏者，其故有三：一曰元氣弱，二曰土不舒，三曰水不勻，是以驕陽燥烈，多致乾枯。養之者當扶其元氣，沃其土膏，時其灌溉，使主本豐隆，遇炎不畏，不可任其衰弱而徒以趨涼避熱爲得計也。蓋徒恃陰涼者，其大弊更有三焉：一者，素不慣日，則驟見易萎，若紈褲豢養而臨陣畏縮也；二者，少受日精，則花不敷暢，若火冷力遲而丹頭不結也；三者，陰盛陽衰，則蟻蝨冗雜，若世道否塞而群枉充斥也。養蘭者其可忽於太陽之力乎！大抵四時之中，唯春風尖酸，最爲南中草木所忌。倘非十分和煦，稍涉俏寒，便當避風而並不見日。其冬天只忌堅冰朔風，若晴天旺日，極宜烘曬，花芽孕育全在於此。嘗讀《石函·太陽元精論》：世間一切名花，未有不以太陽爲祖者也，而水中起火，復見天心，冬日之日尤爲樞要。至如初夏深秋，皆宜近日。唯盛夏初秋大熱之時，須就東陽而避西照。其法：當於安頓之地，擇其湊巧適宜者，斯爲簡易不煩。次之，則舊譜篾籃遮蔽之法亦可暫用也。蓋善養之道，無過中和。陽亢陰涸，則多憔悴而不滋榮；陰勝陽微，則又癡肥而不堅秀。唯陰陽調勻，水火兩足，然後葉暢花腴，蟻蝨屏絕，投之所向，無不如意。然以不涼不溫爲得法者，此又子莫之執中也。當涼不嫌太涼，當溫不嫌太溫，陰陽互用而參和不偏，乃爲太易隨時之中。

　　五曰澆灌。黃梅雨水爲上，尋常雨水次之，宜多蓄聽用。不得已而用清淨江湖河池之水，其斷斷乎不可用者，井水也。燥則潤之，泛則節之，全在圓活。日氣勝則水宜饒，日氣輕則水宜省，亦隨意斟酌，最嫌拘泥。

　　六曰培壅。其理大半寓於造土添換之中矣。泥久力微，尤須幫助。生豆腐漿一味最爲上品，生豆浸汁亦可，但始終俱臭，殊覺可嫌。或用鞔鼓皮屑浸水，其他經硝皮屑味鹹，勿用。或用白煮肉汁，或用魚鱗水，俱要停久，臭過轉清，方可用之。或拾肉骨，積多，入瓦缸，泥固，燒，存性爲末，糁根，漸以水沃之。諸法皆能助肥，總未脫腥膻氣，唯有櫛髮垢膩最佳，須預囑櫛工收積聽用。

　　七曰閩地恒燠，木葉不脫，蘭離彼而至此，多不耐寒。必須霜降入室,立冬閉戶,冬至則用紙糊竹籠,藏護周密,安頓南牖。遇十分晴和,則揭籠曝之,每數日一轉換,令四面俱得日精,明歲四面有花。若風冷,即晴亦遮覆,尤畏春風,倘早出密室,多於此敗,切須戒之。清明方可闢戶,穀雨方可出戶。藏宜以漸而密,出亦以漸而敞。天時人事,必優游不迫而後能無弊,有如乍寒遽重裘而微暄便袒裼,其為中寒之症也必不輕矣。

八曰蘭之萎死於冬也,未必皆風霜之過也,多因霜降後不禁澆水,而盆內濕泥一遇驟寒,即冰凍根腐,雖有智者,無以善其後矣。切記霜降節氣一交,即滴水不入,至來年春分後方可以漸沃之。或謂立冬以前驚蟄以後,倘覺太乾,以竹絲帚輕蘸水,但灑其葉,勿沾其根。

九曰擬當別作一斗室,卑之無甚高,三面皆牆,壁堅完,獨留朝南一面,用明窗,稀眼,厚紙密糊,以豆腐漿刷,令勻淨。單通一門,亦封其縫,不容一隙。風雨攸除,日行南陸,箕伯屏迹,趙衰孔邇,香嚴諸善友同入於毗耶空室,溫溫然自成一世界。或遇冰雪,或防夜寒,則於窗外另挂竹簟草苫之類,重加遮蔽。至於極寒沍時,用炭團火盆一二置室中,以助其暖,敵其寒,即烏芻瑟摩火光三昧,無礙流通於眾香國土矣。

十曰日以晅之,雨以潤之,一陰一陽之道備矣。又必風以散之,其法有二:庭階疏爽,通風一也;高架盆竅,受風二也。此皆天人參焉者也。一遇震來虩虩,即芽苗穎脫,莫不蠢然。此又雷以動之,純乎天而人不與焉。然苟非平日善養,則雖鼓之以雷霆,而生意不舒者有矣夫。

十一曰蘭葉之有蟻蝨,初若不甚為害,然未有蟻蝨生而蘭不敗者。蓋非蟻蝨之能病蘭,乃蘭既病而五衰相現爾。舊譜有去除蟻蝨之法,試之輒不驗,後悟其理,遂致搜索蟻蝨而不可得。何者？修其本以勝之也。夫蟻蝨之生,病根有三:元神脫,則外邪易干;陽明怯,則陰慝潛滋;糞穢觸,則醜類紛沓。無此三者,蟻蝨何自而生耶？

十二曰蘭花不慕蟻,蟻慕蘭花甘也,嘬花不已,必至嘬根,由來漸矣必也。造新土則火攻以殲其類,換舊土則搜山以搗其巢,勿使滋蔓而難圖也,淨土修而內順治矣。請防其外,毋恃其不來,恃吾有以備之,於是深溝高壘,有金湯之固焉。其法:用寬匾瓷缸,內疊厚磚,邊離寸許;磚上置蘭盆,盆底近竅處,其磚虛架,留眼通風;磚外貯水常滿,以隔絕蟻路。此外微有蛛絲草莖,稍可依附,輒能渡蟻,皆須痛絕。又法:用堅木井字高架,上閣蘭盆,架之四足,各盛寬深瓦缽,貯水常盈。北方用此貯牀足以防蝎,南方用此頓蜂箱以防蟻,今師其意而變通之,由是蘭伯之庭絕蟻之迹矣。四時唯冬無蟻,仍有鼠患,亦嗜其根之甘也。紙糊竹籠,不唯庇寒,兼可卻鼠,更須晨夜巡警,罔俾投間。凡此數者,皆香積國中重門擊柝以禦暴客之意。

十三曰蚓患尤甚於蟻,蓋一明一晦,明者易察,晦者難窺,故蚓之罪浮於蟻。去之之道:造土燔其孽,換土犁其庭,高架截其路,既與治蟻同意矣。倘有不盡,更於蚓壤所積處,用銀匕或竹筓輕挑細撥,搜尋驅遣,既塞其源,又障其流,多方屏絕,庶幾乎廓清可冀矣。

十四曰靈均,蘭之導師也。其術一言以蔽之,曰滋。滋也者,不涸不濫,元氣融而土膏腴者也。自省從事於蘭,初嘗失之忘,則常品僵;繼嘗失之助,則名品躓;自後勿忘勿助,恢恢乎游刃有餘地矣。九折臂而成醫，故不惜爲同志者詳述焉。

十五曰興、杭蘭蕙伏盆既久，其花香倍鬱，質倍妍，尤最耐久，葉亦漸就蒼潤，絕勝遠來初種者。但須培以佳土，澆灌及時。水土既得，則不畏日烘，日烘氣足，則花自繁，葉自茂。此誠易簡理得，人可與能者也。秋末冬初，風霜不懼。冬至後，移置南廊；大冰雪，暫藏内室，所以護其蕊；開時置向陽所，慎勿經雨。如是則香久不散，所以惜其花也。

又有一法，興與閩同：凡花將蛻，即連莖翦去，勿容結子。唯有蘭子獨爲長物，一無可賞而能耗氣奪力，銷減新花，故必趁早割捨，所以杜其泄而預養將來之馥也。

又，蜜蜂采他花，俱用雙足挾二珠，唯采蘭花則但背負一珠，相傳以此頂獻蜂王，不拘興閩與蘭蕙。夫子謂蘭當爲王者香，此其一徵云。凡蘭皆有露珠一滴在花蕊間，是謂蘭膏，甘香無可擬，餌之，不啻飲沆瀣而漱正陽也，多爲蟻竊。前袪蟻之説備矣。倘復遇其倉卒群嘬，他策未遑，則急用雞羽掃除，或用肥甘香膻之物誘而驅之，此姑紓目前之患，計出於無聊耳。

又，蘭花香、味俱佳，無毒，可食。一法：拾其已蛻之花，先入霜梅汁浸透，次用蜜煉過者浸之爲蔌。一法：摘其初開之花，用天池佳茗焙熱者，或顧渚蒸熱者，一層茶，一層花，入罐密封，聽用。凡作蔌，可施於閩，以其少而難得，故收於既褪而並咀其質。製茶，可施於興，以其多而易致，可采於方吐而止奪其香。然茶可兼蔌，蔌不可兼茶，則又以奇馥不宜暴殄，而餘馨總堪愛惜，倘亦器使之道固然耶？

附《閩中每月植蘭歌》

正月安排在坎方，黎明相對接陽光。雨淋日炙都休管，要使蒼顏不改常。<small>吳中正月勿雨淋。</small>

二月栽培最是難，須防變作鷓鴣斑。四圍插竹防風折，惜葉猶如護玉環。

三月潘郎出舊叢，盆盆切忌向西風。堤防濕處多生蝨，根下猶嫌著糞濃。<small>閩忌春風，何況他境？糞宜全戒，豈但嫌濃？</small>

四月清和日似丹，沙泥立見暫時乾。新鮮井水都休灌，膩水常教進若干。

五月新芽滿舊窠，綠陰深處最平和。此時葉退從他退，羸了之時愈見多。

六月炎陽酷愈加，芬芳枝葉正生花。涼亭水閣宜安頓，否則窗前作架遮。

七月雖然暑氣消，卻宜三日一番澆。更防蚯蚓傷根本，肥水三停淨一調。

八月天時稍覺涼，任他風日有何妨。經年污水尤堪美，若浸雞毛水亦良。<small>雞毛水非化盡無滓者不可用。</small>

九月將終有薄霜，階前檐下謹收藏。若生白蟻兼黃蟻，^①葉灑清茶庶不傷。

十月陽春暖氣回，來年花筍又胚胎。玉根不露真奇法，盆滿之時急換栽。<small>吳地換盆須秋分後。</small>

仲冬宜頓向陽方，夜分還須密處藏。土面常教微帶濕，勿令乾燥葉萎黃。<small>吳地勿濕，欲潤，別有巧術。</small>

臘月天寒霜氣摧，可安屋裏保孫枝。只期凍解東風後，

---

① "兼"，原作"何"，據《遵生八牋》改。

正是斯人道長時。

又訣云

春不出，夏不日。秋不乾，冬不濕。

珍珠蘭①

凡蘭皆草非木，獨珍珠蘭不草不木，茉莉其枝葉而黍米珠其花，細時即爲蕊，巨時即爲開。一名賽蘭，或名碎蘭。幽芳酷似，②油然襲人，殆楚畹之別宗也。

樹蘭

樹蘭不草而木，其幹勁於珍珠，葉如五加而大倍之，聞其花與珍珠蘭大同小異。廣中有大如梧桐者，此間僅見葉而不見花，豈以小故耶？土人以法烝造粗綫香，嘗從友人得而蓺之，其臭如蘭。

風蘭

風蘭，似蘭而小，其枝幹短而勁，類瓦花。不用砂土，惟以小索懸於檐下無日有露之處，三四月中開小白花，夜嗅之，極香。將萎，轉黃色，黃白相間，如老翁鬚。或以冷茶沃之。或云：以婦人敝髻鐵胎盛其根，而以頭髮襯之，則茂盛。《雁山志》云：“土人謂之乾蘭。”今人家謂之弔蘭。

---

① “珍珠蘭”，原題作“珎珠蘭”，下文作“琜珠蘭”，目録作“珍珠蘭”，據改。“珎”、“珍”二字異體。

② “似”，疑當作“烈”。

箬蘭

箬蘭，其葉如箬，四月中開紫花，形如蘭，故名。然而不香，徒冒蘭之名耳。與石榴紅同時，裊裊可愛。以花開時分。

紫蘭

紫蘭，葉狹如水仙，比蘭蕙短而柔。三月中開紫花，有色，無香。春初苗長，可分。或云即馬藺子。

菊

《西清詩話》載：歐陽永叔與王介甫爭辯“落英”，詢之楚人，實無此種。《離騷》半部，並是英雄欺人語。或謂“落”字之義，當訓作“始”，如《毛詩·訪落》之“落”。誠然哉！大要菊有數種，黃者爲正。《月令》他卉皆曰“始華”，於菊獨曰“菊有黃華”，正其驗矣。王弇州曰：“時至暮秋，群芳搖落，而菊獨殿秋光，抱寒馥以競晚節，所以識之者儕之芝蘭，比之君子。寧有君子而人不悅慕者耶？故幽人貞士，或餐英以療饑，飲水以滋壽，釀酒以祓除不祥，咸於菊焉取之。粵自漢胡太尉收其實，種之燕都而其傳遂廣，陶靖節植之三徑而其名始重。然當時東籬把菊而白衣送酒，賞之者惟黃花而已，麗色奇態，人亦罕睹。繼後《東陽菊圖》多至七十種，《菊譜》有八十一種，范村所植有三十六種，吳門史老有二十七種，[①]今三吳約有百種，豈風土不同而名品亦因之以異耶？抑人情所鍾而花神遂變幻耶？惟其種類蕃衍，色相奇出，故好之者聲

---

① “吳門史老”，史正志，字志道，自號吳門老圃，所著《史氏菊譜》所列菊凡二十八種。

應景從,獲異種者藏之若珍,購之者不恤裘帶。若然,則培植愛護,全其天葩,以供吾之清賞者,不可不豫也。"

傅伯雅次爲《菊月令》云:"正月,立春數日,將隔年醅過肥土用濃糞再灌兩三次,曬乾,篩淨,收貯無風處,待其熱過,以俟登盆時用。若菊種在盆,切不可移動,仍用草温護,將清糞水澆兩三次,使秋早發而肥大。

二月初旬,冰雪消融,此時除去舊護穰草。春分後,擇地一方,倒鬆,用糞澆灌三四次,攤平,曬乾,以俟穀雨分秧時用。菊稍奇異難得者,必發苗少,全在此月培壅得法。視菊頭生在莖上土不及者,將土壅高培之。或有五六寸及尺許高者,將菊本橫壓入土,仍用小竹枝引頭向上,用隔年黄梅水澆之,則根易生。看得新芽發生,比舊長二三寸許,則莖老根長,即可分矣。葺理修護,全在人力,稍有不至,則多者少,少者絶矣。

三月穀雨前後三四日,爲分秧之期。選擇菊秧長壯正直者,逐莖分開,種在前所攤平之地,相去四五寸蒔一根,將紙界畫地鄰圖樣,以記菊之名號,庶登盆時無差誤之失。分完,用竹搭棚蓋護之,棚高二尺許。每早起,汲河水遍澆,澆過即蓋,直待新葉透心,方可見日。俟長尺許,以至立夏後小滿前,又爲登盆之期矣。用篾箍瓦四塊作盆,埋地寸許,使地氣相接水不停積爲佳。搬時,每株根邊必帶故土周方二寸餘,使其不知遷動,庶易長盛。種法:先將瓦筒安置成行得法,後用地泥二三寸於盆下,加濃糞一杓灌定,搬菊秧於上方,用屋内熱過之土填滿,壅如饅頭,令水易瀉。若無瓦筒,將地鋤高尺餘,相去尺許,始掘一穴,亦將濃糞鋪底,種法如前。周圍必掘深溝泄水,雨過,不拘何月,務將積水之處疏通,使流遠去，不論在盆在地，即以屋內肥燥乾土壅之。如久雨不歇，在瓦者可移至檐下爲佳。又法：將篩細肥鬆好土入甌蒸熟，曬乾入盆，能絕蟲蟻侵蝕之患。種完，每株下或用樹葉，或用碎瓦，蓋其根土，以防雨中濺泥污壞青葉。若失於蓋蔽，雨後即移水盆至菊旁，洗去葉上泥滓。每遇澆灌，必暫除所蓋之物，澆過仍蓋，月月如之。能遵此法，則自頂至根青葉亭亭，一無枯黃之可憎也。新種後，必間日一澆，用河水和糞，早起澆之。待菊長尺餘，天向炎熱，則水多糞少。至六月間，不可用糞矣。過此，仍加如前。

　　四月小滿時，菊皆登盆移種，嫩頭上多生小蜘蛛，每早起尋取除之。又有小黃蟲生於葉底，如人身疥蟲之狀，延蛀亦能損壞，居處有白痕如綫。將葉翻轉細看，痕住頭處即蟲所矣，必剔殺之。又有一種曰菊牛，日未出時慣咬嫩頭二截，生子在中，至日高菊頭即垂。視其咬處，必速掐去，又多去寸許，方得無害。遲一二日，其子即成一小蛀蟲，蛀空菊本，雖至深秋結蕊，遇大風必折，即無風雨，葉必萎黃，漸至枯槁。平時細視其蛀處，用鐵綫磨尖，觸殺之。其蟲上半月居蛀孔之上，頭亦向上；下半月居蛀孔之下，頭亦向下；屢試皆然。菊牛之狀如蠅，背有甲，堅而黑，如小楊牛之狀，亦須蹤迹其處以杜絕之。又有細蟻侵蛀菊本，生白子於嫩葉中，形如白蝨。又有小黑蟲如黑蝨者，群聚嫩頭，並能害菊。須用洗鮮魚水遍灑葉間，或澆土上，即除滅矣。倘驅之不盡，仍早起，以敗筆拂去之。菊長將及二尺，便以堅直小籬竹插傍菊根，以軟莎草寬縛，使菊本正直，不至屈曲。數日後，視菊肥大者，可先捏去母頭，令其子頭分長，小弱者再遲數日捏之，每本止留六七頭，多則八九頭，以防損折。如理寒菊，必須頭多,用篾作箍圍定,至深秋則團圞如蓋,良可賞玩。

五月夏至前後,將菊頭再整一次,視繁盛多頭者留七八九頭,瘦弱者留三五六頭。每早用菜麻餅屑水取其清冷者灌之,不可用糞及犯酒醋鹹酸之類以醃觸之。菊性喜乾惡濕,尤畏梅雨,此月倍宜顧戀。凡欲過接,必在此時。其法:選雜菊之繁盛者一株,種大盆中間以爲主本,四圍種各色五六棵以爲旁菊。待梅雨時,扯主本與旁株交過,各用利刀削去其半,使膚肉相並如一,用綿紙條緊縛密纏,置之陰處,或搭棚蔽日,遇雨露則除之。視兩枝交合,皮肉相連,生意完固,然後將主菊之頭旁菊之本相聯處截開,遂成一本矣。一本可接五六色,唯梅雨中得活,餘月必無生意。遇有奇色異種苗少難得者,只須在修理之際取其嫩頭,用朽木一塊鑽眼浮水,將菊插定,薄加肥土,漂養月餘,自生根鬚,看根長葉透,連木搬種,自繁盛矣,亦必須梅水爲良。或用菴蔄草接菊,將菊頭摘下,以刀斜批,相合,即用鵝毛管或蘆管管在所接之處,莫令寬動,外用泥密閉,管口兩頭仍用紙條縛定,置於陰處數日,視有生意,輕輕用刀劈去其管,即成真菊矣。

六月大暑中,每早止用清河水或天落水澆菊旁,宜以大缸畜注天水河水之類,視陰晴燥濕而加減之。大抵此月天熱土燥,必不可用糞也。若遇土間生蚯蚓土蠶等類,必掘去之。若近根難滅者,用糞與小便灌之,待蟲死斷絕,仍用天水連澆數次,方不害花。又,菊根至香,常有蟻穴於下,須用鱉甲或油紙條引出驅之。此愛養之法也。菊有粗葉、細葉不同。粗葉如七色鶴翎、狀元紅、狀元紫、福州紫、灑金香、倚闌嬌、羅傘、紫袍、芙蓉、絞絲、鎖口、佛頭、二喬、金菊之類,最愛肥濃,除此月外,間三四日一澆,愈肥愈盛。細葉如飛金、蒻茸、大小攢花、翦絹、銀薇、牡丹、蘇桃、綉毬、嫦娥、獅蠻、撮頭等類，只可在初種時用淡糞水澆一二次，稍以濃肥者灌之，反至腐敗。至於月下、蠟瓣、葡萄、西施四種，切不可見糞，一澆即葉大頭籠消乏無蕊矣。愛花者尤當辨之。

七月初旬，有等蠶樣青蟲，與葉一色，潛住葉底，卒然難見，下必有蟲糞如鹽沙者，因糞尋蟲，則易得也，亦必於早起尋殺之。立秋後三五日，不論其枝之長短，並不可損，因此後再不能長新枝故也。菊之全本或有參差，高大者暫停澆灌，瘦短者糞水澆之，促之使長，以成行列。用糞之法，亦有次序。初次糞二水八，第二次糞三水七，遞至相半。以後視花之肥瘦爲加減，瘦者濃而多澆，肥者淡而少澆，要皆在於發蕊之後。就粗花而論宜如此，至細花又不可例用也。

八月間，多有狂風驟雨，再揀堅直籬竹，橫縛菊本竹上，使相搭定，勿令搖動，每本再用莎草縛過三四節，庶免傷殘之害。白露後，蕊頭將綻，每枝上留中間一大蕊，餘皆芟去，不可多留，多則花頭微薄；極繁盛者，止可留八九朵爲率。菊蕊嫩脆，選攢時必須以左手兩指穩定菊頭，然後以右手指甲掐去，否則連頭剔落，一歲辛勤，遂成無用。攢蕊之後，不論粗花細花，每朝以糞水灌之，愈頻愈良。晴天日熱，雖一日兩灌無妨也。

九月，蕊綻將開之際，必須預搭陰棚，遮蔽風霜，庶花開悠久，色不衰褪。未開時，切不可將菊本移動，漏泄真氣。花開間有不足者，研硫黃水澆根，經夜即發。粗花易種易開，花亦易凋。細花難種難開，花亦最久。粗花葉茂而青，花大而肥，本高而整，雄勁峭直，超然出群，譬如濃艷美人，傅粉凝脂，妝束富麗，情態舒暢，色映人目，乍見之，無有不動情者。

細花枝細而常失之軟，花大而常不能足，然名攢花者，真如百花攢聚；名翦茸者，真如萬錦零簇；名超瓣者，真如千甲鱗集；婉媚綽約，若淡妝西子，雲裳縞衣，佇立凝思，如不勝情。故細花誠足貴重，而粗花亦未可少也。

十月下旬，菊花已殘，將綁縛朽竹撤去，選好者收貯，以備來年之用。本上枯花小枝並皆折去，止留老幹尺許，勿使折遲，以被風搖本根，傷壞菊裔。此時向寒，宜用亂穰草蓋護，以禦風雪冰凍。每本置竹牌一片，寫名插之。

十一月中旬，未凍之時，擇高阜淨地，倒鬆，深二尺許，揀去瓦礫，用濃糞連灌四五次，曬過，堆好，仍將舊稿薦或亂穰草蓋護，免致冰凍難鋤，減損肥力，有誤來春種植。蓋菊性最喜新土，必須一年一換，盆中亦然。如不依此法，春間雖活，經過梅雨，多致枯死。若有空屋，灌醛完時，即於此時收貯屋內，待其熱過取用，尤佳。

十二月中，細看菊本蓋護處，草少，再加增厚，以蔽霜雪。俟天日晴和，用好糞培壅四邊，毋令著根，待春氣發揚，苗自爭盛，所謂臘糞必不可少者，良有以也。一法：於臘月之內，掘地，埋大缸或甕，入地三四尺許，積貯濃糞，上用板蓋，填土密固，至春盡，渣滓俱化，止存清水，名為金汁。五六月間，菊為驟雨揉，黃葉，萎將死，用此汁連澆兩三次，足以回生，且花開肥澤。不止於菊，凡一應花草經之，無不向榮。好事者必當預辦。"

相傳藝菊十事：

一曰聚種。菊花開時，花葉俱佳者，為來年預種張本，須有花方真，無花恐有偽種，為人所賣。

二曰藏種。菊既殘盡，將朽竹撤去，摘去枯花，止留老幹尺許，其幹上嫩頭名曰回青，不可去之。倘根上無秧，以土壅之作種。凡遇異種而難於得秧者，將來橫種地上，認記正根所在，以竹插之，用土壅壓，待枝上嫩頭生根，即割斷原本，則原根既自有秧，而枝上嫩頭復活，種可多得也。藏秧時，須搭草棚覆蓋，以防霜雪之侵，或移屋廊下亦可，至二月中旬，方可移出受雨露也。

三曰積土。凡菊最愛新土，最怕舊土，無論在地在盆，每年須換，不爾，雖春間盛大，而黃梅雨中定難存活。故必於蠟月中先將熟地活土鋤轉，以純糞酵之，隔三四日再鋤轉濃酵，如此數次，至春曬乾，揀去瓦礫及蟲子之類，收貯淨屋中聽用。

四曰分秧。菊既發秧，至穀雨前後，遇天日晴暖，擇肥大者分之，瘦弱者待再長分之。分時，將菊本去舊土，取嫩頭秧種淨新乾瘦土中，分記明白。用雨水澆之，不可太濕，又不可太乾。用蘆席搭棚覆蓋，以度其生；遇雨及晚間即揭去，以受雨露。既活，即不可頻澆。遇日色稍淡，即去蘆席，微曬之，使其枝葉老硬，移種可無損也。

五曰登盆。用瓦四片湊成圓盆，將篾箍箍定，再用火盆打穿當底，將瓦盆安頓，入不肥不瘦之土，用手輕輕築實，略淺盆口二寸許，以待後增。每菊秧根邊須帶秧時土，周方三二寸，使其不知遷動為妙。種秧須稍偏，他日插竹正中，方可修葺，使行列整齊耳。

六曰修葺。菊既登盆，約長五六寸時，即插小竹一根，當盆正中，用莎草寬縛竹枝附竹上。[①] 此竹名為命竹，須細而堅直者，使菊本正直，枝不屈曲。待長七八寸許，即掐去正

---

① "竹枝"，疑當作"菊枝"。

頭,待其分長小頭,多則留五,少則留三或二,瘦甚者不去正
頭,止存其一頭,多則力分而花小,開亦不能足矣。每日細玩
枝頭,稍不整齊者,趁嫩小時縛之,及其老硬,即綁縛整齊,終
無自然之致耳。

七曰澆灌、覆蓋、培壅。五月夏至前,不可澆糞,止用鹽
豆殼浸水澆之,或大麥煮汁,用河水三七分,和之雨水,尤良。
梅雨過後,即接三時雨,此雨最能損菊。大雨過後,看有細根
露出,即用乾淨略肥土薄薄蓋壅根邊,作饅頭樣,則水自不
積,可免爛根之患矣。若雨雖大而根不露,即勿增土,土厚又
能損菊,且來年秧少故耳。夏月,天熱土燥,須搭棚,用蘆簾覆
蓋,使日色微照入菊叢中,又且隔彼炎威也。此時須日日早起
澆之,常使土潤乃佳。秋後亦有大雨,能濯去菊根之泥,雨後
用極乾肥土薄壅,如梅雨時。至白露後,撤去蘆簾,不用蓋矣。
此時須用宿糞和雨水相半,隔兩三日一澆,則花開肥大。

八曰驅蟲。種菊土須火燒過,方免土蠶之患。四月小滿
時,嫩頭上多生小蜘蛛,每早起尋殺之。又生一種小硬殼黑
蟲,名曰菊牛,日未出時或巳、午二時,慣咬菊頭,頭即垂下。
視其咬處,掐去寸許,方不爲害。若愛惜不去,或去之稍遲,
則梗中必生蛀蟲,雖至秋結蕊,遇風必折,甚至有蛀到根邊而
萎者,必須尋殺之,或懸於菊竿上,使來者知懼。此蟲五月間
生子,寄其子於菊中,非來食菊也,四月初至六月初乃絕。又
有一種無頭無尾,或紫或青,狀如芝麻,遇天色稍旱,即攢聚
菊心,則此頭遂不肯長,結成一叢,而葉盛無華矣。用鵝毛輕
去之,又用洗鮮魚水澆及灑葉上,①其蟲遂絕。又有小蟻侵

---

① “灑”,原作“曬”,據上下文義徑改。

蚝菊本，以鱉甲用熟油香料炙之，置菊盆邊，蟻即聚食，移之他處，自然絕矣。七月初旬，有等食葉青蟲，與葉一色，卒然難見，必因其糞而尋殺之。又有一等小蟲，形如針頭，色黃，菊花嫩心多爲所食，名爲鑽心蟲，乃小灰蝶生子所化也。要去此蟲，先殺小灰蝶。若此蟲已生，趁於未壞心時去之，方可保其有花。去之稍遲，縱有花，亦不能肥大整齊也。

九曰留蕊。菊既生蓓蕾，且未可移動。待蕊頭綻如菉豆大，每枝留正頭蕊一顆，餘皆剔去，不可多留；或正頭傷損，擇旁頭肥大者留之。菊蕊嫩脆，修時須用左手雙指穩定菊梗，然後以右手指甲細視端正輕輕掐去，否則連頭折損，遂爲無用矣。

十曰看菊。凡菊初放，不可便入室中，須用搭棚。遇日則用蘆簾蓋之，使有日色照菊上，則蕊易開而花不淡；若日色太重，則色必變。遇雨，用蘆席蓋之，若一經雨，花瓣與色皆壞矣。遇無霜天，晚去簾席以承露，則花富而色艷也。直候開足，方可入室中賞玩。

水仙

水仙，葉如蒜，故一名雅蒜。一莖數花，花白，中有黃心如盞狀，俗呼爲金盞銀臺。其中花片捲皺密蹙，一片之中，下輕黃，上淡白，如染一截者，乃千葉，通謂之水仙。然單瓣者貴。黃山谷詩曰：“何時持上玉宸殿，[①]乞與宮梅定等差。”其見重如此！

種須沃壤，日以水澆，則花盛，地瘦則無花。其名水仙，

---

① “玉宸”，原作“紫宸”，據《山谷集》改。

不可缺水。又云：收時，用小便浸一宿，取出曬乾，懸之當火
處，候種取出，無不發花者。《水雲録》云：“五月分栽，以竹刀
分根，若犯鐵器，三年不開花。”《便民圖纂》云：“六月不在土，
七月不在房。① 栽向東籬下，寒花朵朵香。”《灌園史》曰：“和
土曬暖，半月方種，種後，以糟水澆之。”《神隱》云：“不移出，
浸弔宿根，在土更旺。”《浣花雜志》云：“如在土，恐葉長花短。
宜六月初起根，懸於透風廡下。七月終，栽於肥土，澆用小
便，最威冰雪。”《委齋雜録》云：“霜降後，搭棚遮護霜雪，仍留
南向小户，以進日色，則花盛。”高深甫曰：“土近滷鹹，花發必
茂。”故吴中水仙唯嘉定、上海、江陰諸邑最盛，而插瓶亦用
鹽，最可久。宋培桐曰：“如種在盆內者，連盆埋入土中，候開
花取起，頻澆梅水，則精神自旺。”

_____

① “七月”，《圖纂》作“十月”。

卷之十

吴郡周文華含章補次

草本花部下

罌粟

罌粟，結實如罌貯粟，故名。或作鶯粟者，非。一名御米，又名米囊花。

《巽隱集》云："滇陽二月，罌粟花盛開，皆千葉，紅者，紫者，白者，微紅者，半紅者，傅粉而紅者，白膚而絳唇者，丹衣而素純者，殷如染茜者，一種而具數色，絕類麗春，譜之所云。余念昔居吾鄉，有亭芙蓉浦上，亭外罌粟三畝許，花唯單葉，紅、白二色而已。後忝親王禮官，從駕自京師之國大梁，此花無異吾鄉。茲焉流落萬里，人事不及，而植物遇之，不勝感時戀舊之私，賦詩二首：[①]'二月昆明花滿川，麗春別種最芳妍。青黃未著罌中粟，紅白都開地上蓮。逐客形容嗟老矣，美人

---

① "余念昔居吾鄉"，原作"昔在故鄉"；"後忝親王禮官，從駕自京師之國大梁，此花無異吾鄉"二十一字，原脱；"不勝感時戀舊之私，賦詩二首"，原作"感而賦詩云"，據《巽隱集》改、補。

顔色笑嫣然。馬頭初見情多感，吟得詩成莫浪傳。'鄠閻東風不作寒，米囊花似夢中看。珊瑚舊是王孫玦，瑪瑙猶疑內府盤。嘶過驊騮金臣匼，飛來蛺蝶玉闌干。瘴烟窟裏身今老，春事傷心思萬端。'"

蘇子由居潁川，家貧，不能辦肉，每夏秋之交，菘芥未成，則盤中索然。或教種罌粟、決明，以補其匱。作詩云："築室城西，中有圖書。窗戶之餘，松竹扶疏。拔棘開畦，以毓嘉蔬。畦夫告予，罌粟可儲。罌小如罌，粟細如粟。與麥偕種，與稊皆熟。苗堪春菜，實比秋穀。研作牛乳，烹爲佛粥。老人氣衰，飲食無幾。食肉不消，食菜寡味。柳槌石鉢，煎以蜜水。便口利喉，調養肺胃。三年杜門，莫適往還。幽人衲僧，相對忘言。飲之一杯，失笑忻然。我來潁川，如游廬山。"①

予家有數種，皆千葉，有翦茸，花蕊狹長如翦；有毬，花蕊闊大，紐結如毬；各有大紅、桃紅、純紫、紅紫、純白五色，四月中盛開，富麗璀璋，不減牡丹，亦一時之奇觀也。

《瑣碎錄》云："九月九日種罌粟，以竹掃帚或笤帚撒，②結罌必大，子必滿。"又云："中秋夜種，則子滿罌。"又云："種訖，用竹帚匀掃，則成千葉。"又云："以兩手重疊撒種，即開重疊花。"皆不足信。

種法：須先治糞地，極肥鬆，於八九月內用停冷飲湯並斛屑，即鍋底灰，懼爲蟲食。和細乾泥拌匀，下訖，仍以灰蓋。出後，澆清糞。芟其繁，食之，以稀爲貴。待長，用細竹扶之，以

---

① 二十一句"槌"，原作"鎚"；三十一句"潁"，原作"潁"；據《欒城三集》改。首句中"室"，《文淵閣四庫全書》同，明張士隆重刊本作"屋"；三十句"失笑"，原作"大笑"，《欒城三集》倒作"笑失"，據《文淵閣四庫全書》本改。

② "或笤帚"，原脫，據《瑣碎錄》補。

防風雨傾側。

《灌園史》曰："以墨汁拌撒，用泥蓋之，可免蟻食。"

《浣花雜志》云："罌粟子最細而香，爲蟲蟻所嗜，撒地即用濃糞蓋之。性極喜肥，若土瘦及下種太遲，或繁密欠茂，亦有變爲單葉者。或有春間移栽，必不茂。凡單葉者粟必滿罌，千葉者罌多空。其苗可爲蔬，收其實可作腐。"

《易牙遺意》云："罌粟和水研細，先布後絹，濾去殼，入湯中，如豆腐漿，下鍋令滾，即入菉豆粉，攪成腐。凡粟二分，豆粉一分。脂腐同法。脂即芝麻也。"①

麗春 即虞美人②

麗春，叢生，莖、葉、實皆如罌粟而莖稍細莖有毛，③折之則出黃汁。用糞澆，則花朵豐腴。有大紅、粉紅、紫白諸色，一本而數十花，嬌嫩可愛，且耐久。又名蝴蝶滿園春，本自雲南來。鎮江呼爲百般嬌，吳俗呼爲虞美人。蓋罌粟之別種也。

葵 蜀葵、錦葵、秋葵附

葵花，三種。一曰蜀葵，有紅、白、紫、墨、淺、深數色，白者微香。八月下種，十月移栽，明年四月始花。當年撒者無花，土肥則單葉成千葉。《爾雅翼》云："菺，戎葵。郭氏曰：'今蜀葵也，似葵花，如木槿。'然今蜀葵非一種，有深紅、淺

---

① "下鍋令滾"，原作"不令滾"；"豆"下"粉"，原脱。據《易牙遺意》改、補。"脂腐同法脂即芝麻也"，《易牙遺意》作"芝麻腐同法"。

② "麗春"下"即虞美人"四字，原無，據卷前目録補。

③ "有"上，疑衍"莖"字。

紅,有紫、有白,莖皆相似,其開花自本以漸至末,①盛夏次第開敷,光彩可觀。凡草木從戎者,本皆自遠國來,古人謹而志之。今戎葵一名蜀葵,則自蜀中來也。"《酉陽雜俎》云:"蜀葵,可緝以爲布。枯時燒作灰,藏火,火久不滅。"《農桑撮要》云:"俟花開盡,帶青取其秸,勿令枯槁,水中漚一二日,取皮,作繩用。"《瑣碎録》云:"蜀葵,束作火把,猛雨不滅,遠行宜備。"《菽園雜記》云:"常見一士人家《葵軒卷》中,記序題咏皆形狀今蜀葵花,蓋不知傾陽衛足,自是冬葵可食者。《詩·七月》'烹葵及菽',公儀休拔園葵是也。"

二曰錦葵,花小,初夏盛開,莖長六七尺,花綴於枝,亭亭如旌幢,繁麗可愛。一名荍,亦名芘芣。《爾雅翼》云:"荍,荆葵也。蓋戎葵之類,比戎葵花葉俱小。故謝氏曰:'荍,小草,多花,葉又翹起也。'②花大如五銖錢,色粉紅,有紫紋縷之,大抵似蘿蔔花。③故陸氏云'似蕪菁,花紫緑色,可食,微苦'是也。亦其文采相錯,故《陳風》男子悅女,比之曰'視爾如荍",言如葵花之小而可愛也。"有三種,紫、白、粉紅。今人家園圃中唯見紫與粉紅,而白者絶少。

三曰秋葵。《本草衍義》曰:"黄蜀葵,④花與蜀葵別種,非謂蜀葵中有黄色也。"蓋黄葵葉尖狹,多缺,如龍爪,紫心,六瓣而側,人謂之側金盞,與蜀葵不同。今作器皿多仿之。二月下種,七月開花,九月結子。收花,不犯手浸菜油中,貼

---

① "其開"下"花",原脱,據《爾雅翼》補。
② "又"上"葉",原脱,《爾雅翼》亦脱,據《四庫全書薈要》本《爾雅翼》補。
③ "縷",原作"鏤",據《四庫全書薈要》本《爾雅翼》改。"蘿蔔",《爾雅翼》作"蘆菔"。按,"蘆菔",即蘿蔔。
④ "黄蜀葵",原作"黄葵",據《衍義》改。

湯泡，或收傅瘡瘭，輒效。又，臨産，取子四十九粒，研爛，温水調服，爲催生勝藥。或搗爛，塗産婦右邊脚心，胎衣即下。須速洗去，勿遲。

百合 渥丹附

百合，莖高二三尺，葉如柳，四面攢枝而上，至杪則著花。《爾雅翼》云："根小者如大蒜，大者如碗。數十片相累，如白蓮花，故名百合，言百片合成也。"有一種白者，極芳香，花重，常傾側，連莖，如玉手爐狀，名天香。中有檀心，花色初青黄，既而純白。花形如錦帶而巨麗無比，每向晚則芳香襲人，晝則稍斂，故又名夜合花。此百合之最上乘也。又有一種名麝香，其花葉與天香相似，但短而繁。麝香開於四月，天香開於六月。别有荆溪一種，則花葉俱小，香韻亦劣，開花亦後。吴中人取其根，蒸熟，用以點茶，味甚甘美。最下者爲虎皮百合，形如萱花，紅斑而小，子綴枝葉間如珠，故又名連珠。香與色俱無取，其根最毒，不可食。

《水雲録》云："二月種百合，取根大者擘開，以瓣種畦中，如種蒜法。以雞糞壅之則盛。其根可蒸食，曬乾，搗麵，大能益人。"《雁山志》云："百合，一名鬼蒜，荒年山中人取以療饑。"

《浣花雜志》云："百合，於花開時始可分栽。或云二月間者，謬。性極喜肥，移植盆盎中，可不取本根，莖帶根鬚即活。肥則明歲有花，瘦則隔年方蕊。"《八閩通志》云："一種莖葉俱小，花深紅色，今呼爲石榴紅。[1]"一名山丹，又名渥丹，其花

———————

① "石榴紅"，《八閩通志》作"鶴頂紅"。

有色無香，亦百合之類。

萱草

　　萱草，春生苗，其花黃色，微帶紅暈。有二種：一種千葉，夏開花，其枝柔，不結子；一種單葉，秋開花，其枝勁，結子，子圓而黑，俗名石蘭。別有一種名金萱，五月初開花，花小而香，鵝黃色，即麝香萱也。《吳郡志》云：“麝香萱，吳中有之。其花淡黃，比常萱差瘦弱，其香全類茉莉，爲可貴也。”亦有粗、細二種，以葉之粗細爲別，而花與子極相類，但細葉者差小，先開。

　　《居家必用》云：“春移根畦中，稀種之，一年以後即稠。翦苗，食之，如枸杞法，至秋不堪食。”《雁山志》云：“花半開時，取以淹漬作菹，或熏乾以點茶，其味甘美。”

　　今北地所收紅花菜，即石榴紅；黃花菜，即萱花也，亦謂之鹿葱。《埤雅》云：“鹿食此草，故名。鹿性警烈，多別良草，常食九物，餌藥之人不可食鹿，以鹿常食解毒草，故能制散諸藥。”《周處風土記》以爲其花宜懷娠，婦人佩之必生男，故名宜男草。然《南方草木狀》又云：“水葱，花、莖、葉皆如鹿葱，而開亦同時，花有紅、黃、紫三種，出始興。婦人懷妊，佩其花生男者，即此花，非鹿葱也。”[①]

　　《爾雅翼》云：“《詩》：‘焉得諼草，言樹之背。’諼，忘也。衛之君子行役，爲王前驅，過時不返，其婦人思之，則心痗首疾，思欲暫忘而不可得，故願得善忘之草而植之，庶幾漠然無

----

　　① “花莖葉”，《文淵閣四庫全書》本《南方草木狀》無“莖”字。“妊”，原作“娠”，據《南方草木狀》改。

所思。然世豈有此物哉！説者因‘萱’音之與‘諼’同也，遂命萱爲忘憂之草，蓋以萱合其音，以忘合其義耳。然忘草可也，而所謂忘憂，‘憂’之一字從何出哉？此亦諸儒傅會之語也。”按《古今注》引董子云：“欲忘人之憂，則贈以丹棘，一名忘憂；欲蠲人之忿，則贈以青堂，一名合歡。”①故嵇康書曰：“合歡蠲忿，萱草忘憂。”據此，則合歡、忘憂自是二物，而合歡且是木類。《居家必用》、《便民圖纂》遂以萱草爲合歡，其謬甚矣。後見《草木略》亦云：“萱草，一名合歡草，一名無憂草。”以夾漈之博洽，猶有此失，況其下者乎！夫因諼作萱而以爲忘憂草，因宜男而後世遂以母爲萱，皆承訛踵謬，可發一笑。

石竹 洛陽花附

石竹，草品，莖如細竹，枝葉如苕，其花紫色，類翦碎者，李太白詩有“石竹綉羅衣”之句。叢生，高尺許。五月開花，冬間分栽。《八閩通志》云：“錦竹，一名石竹，俗呼天南竹。”今人誤爲石菊。王荆公詩云：“退公詩酒樂華年，欲取幽芳近綺筵。種玉亂抽青節瘦，刻繒輕點絳華圓。②風霜不放飄零早，雨露應從愛惜偏。已向美人衣上綉，更留佳客賦嬋娟。”

別有洛陽花，又名瞿麥，與石竹葉相類，開亦同時。但石竹千葉，洛陽單葉；石竹葉青翠，花艷麗，洛陽較之稍劣；石竹結細黑子，子少，洛陽亦結細黑子，子多。此其辨也。八月中收子，種之即出。二花枝蔓柔弱，易散漫，須用小竹圍柵方可觀。

---

① 上“忘”字，原作“蠲”；“青堂”，原作“青裳”。據《古今注》改。按，青堂，一名青棠。

② “點”，《臨川文集》作“染”。

　　按《吳郡志》："石竹花,狀如金錢。"而《西湖游覽志餘》云："石竹,纖細而青翠,花有五色,嫵媚動人。"《山陰志》云："洛陽花有五色,色甚媚。"今石竹多葉,不類金錢,其色唯紫,而洛陽乃有五色,其花與金錢相似,蓋洛陽與石竹實是二種耳。洛陽花將開如卷旗,以漸舒展,常以正午開,午後則卷。山中常有之。今人多植盆盎中。醫家取以入藥。李息齋《竹譜》云："石竹,京都人家好種之階砌,叢生,葉如竹,莖細,亦有節。莫春花開,枝杪或白或紅,或粉紅,或有紅紫暈,或重葉、多葉不等。花盡,有子成房。刈去再生,至秋仍如春盛。亦有野生者。"

翦春羅　秋羅

　　翦春羅,一名翦金羅,一名翦裙羅,又名碎翦羅,五月中開花,金紅色,無香。《邵武志》云："翦春羅,莖高一二尺,葉如冬青而小,攢枝而上。每一莖開一花,緋紅色,花瓣上茸茸類翦刀痕,故名。"李息齋《竹譜》云："箭竹,生江浙、廣右、永湘間甚多,枝間有節,其葉似桃,其花如石竹差大,丹紅一色。"多於盆檻內種之。

　　別有翦秋羅,名漢宮秋,與春羅相似,而葉赤且尖,以八九月開花,深紅色,瓣分數岐,亦如刀翦狀,其色絕佳。《八閩通志》云："秋開者,名翦秋羅。"金陵人又呼為翦紅紗。春初皆可分栽。

　　顧長佩《花史》云："二羅雖並稱,而春羅類紙花,了無秀色,不若秋羅之殷紅,映帶晚霞,尤鮮麗可愛。"

　　春栽肥土,夏間頻以水灌之,秋必茂盛。不可缺水,亦不可著糞及曝烈日中。花後結子,候其枯,曬乾收藏。來春下種,須防護嫩秧,驟雨濺泥,極能損害。如培養得宜,當年即有花而短,次年則長大。《浣花雜志》云:"二花種法,必以分根爲最。如收子,宜於二月中篩細泥,鋪平,摻子在上,將稻柴灰密蓋一層,次將河水細細灑上,以濕透爲度。"

鳳仙

鳳仙,一名金鳳,又名鳳兒,花形宛如飛鳳,故名。有淺、深、紅、紫、灑金、純白六七餘品,又有單葉、重葉之異。《邵武府志》云:"其子作房生,微觸之即罅裂,俗呼爲急性子。土人因取研爛,用滾湯調服,以治難產,甚效。湯火方亦用此。"陶昆陽云:"鳳仙,俗名透骨草,取其根葉煎湯洗足,最去濕氣,白者尤勝。"《癸辛雜識》云:"取紅色鳳兒花並葉,搗碎,入明礬少許,以染指甲。初染色淡,連染三五次,色若胭脂,洗滌不去。"①二三月下種,五月開花,至秋子落復出。又,作花,遇霜而稿。

白萼紫萼附②

白萼,一名玉簪花,未開時其形如簪。又名白鶴,葉大如扇。六月開花,質雅素而香。《水雲錄》云:"三月種玉簪,宜栽肥土。取半開含蕊拖麵,煎食,味甚香美。"《續醫説》云:"有患魚骨鯁,或令取白萼根,搗汁,服之約一盞許,明日咽喉腐爛,不食而死。"《鎮江府志》云:"又一種,花、葉俱小,色淺紫,名紫萼,先白萼一月開花,香韻比白萼稍劣。"大抵花有色

---

① "取紅色鳳兒花並葉",《癸辛雜識續集》作"鳳仙花紅者用葉"。"三五次",原作"二三次",據《癸辛雜識續集》改。

② "白萼紫萼附",卷前目録題作"白萼　紫萼閒道玉簪花附"。

則無香,凡白花多香也。

蛺蝶花

蛺蝶花,即射干,其花六出,色黄,上有紅點,中抽一心,心外黄鬚三莖繞之,六七月開。結莢,有子,葉類萱而扁。以其花似蝴蝶,故名。《九嘆》云:"掘荃蕙與射干兮,耘藜藿與蘘荷。"亦嘉草也。《圖經本草》云:"射干,生南陽山谷,今人家庭砌間亦多种植。春生苗,高二三尺,葉似薑而狹长,横疏如翅羽狀,故一名烏翣,謂其葉中抽莖,似萱草而強硬。六月開花,黄紅色,瓣上有細紋。秋結實作房,子黑色。根多鬚,皮黄黑,肉黄赤。三月三日采之,陰乾。"《八閩通志》云:"俗名扁竹。"《毗陵志》云:"一名烏扇,亦名鳳翼。"

《浣花雜志》云:"蛺蝶,開花於春末,結子於夏初。壅以無灰雞糞,然亦不宜久淹。八月下子,二月移栽高阜處,則茂。"

唐荆川《蛺蝶花》詩云:"蜀地羅栽就,蜀有蛺蝶羅。漆園夢始通。何言金翅色,翻在碧林中。未辨逍遥影,爭矜點綴工。采香蜂趁侶,啄蕊鳥銜蟲。易濕緣多粉,難飛詎少風?美人笑來撲,誤使損芳叢。"

決明

決明,夏初下種,生苗高四五尺,葉似苜蓿而大,六七月開黄白花,秋深結角,其子生角中,如羊腎。初出苗及嫩蕊、嫩莢皆可食,俗名望江南。《水雲録》云:"種望江南,候花蕊半開摘下,沸湯淖過,鹽醃一時,曬乾,食之,其味甚美。若以嫩尖與花炒食,尤佳。子不堪食。"《藥性論》云:"決明利五

臟，常可作菜食之。又，除肝家熱，朝取子一匙，挼令淨，空心
吞之，百日夜見光。"

　　杜子美《秋雨嘆》云："雨中百草秋爛死，階下決明顏色
鮮。"蘇子由《種決明》詩："閒居九年，祿不代耕。肉食不足，
藜烝藿羹。多求異蔬，以佐晨烹。秋種罌粟，春種決明。決
明明目，功見《本草》。食其花葉，亦去熱惱。有能益人，翛可
以飽。三嗅不食，笑杜陵老。"①又云："蜀人舊食決明花。潁
川夏秋少菜，崇寧老僧教人並食其葉。"

　　《霏雪録》云："人家園圃中四旁宜種決明，蛇不敢入。"又
云："陳白雲家籬援間植決明，家人摘以下茶，生三女，皆短而
跛。王氏女甥亦跛。會稽朱氏一子亦然。其家亦常種之，悉
拔去。"未知信否。

金錢_{銀錢附}

　　金錢花，午開子落，一名子午花，吳人呼爲夜落金錢。又
名川蜀葵，其形細長，附幹而生，花在葉間，葉與子皆類黃蜀
葵而小，故得葵之名。花深紅色，亦有玉色者，高僅尺許。種
自外國，梁時始進，故有豫州掾屬雙陸賭花之事。三月下子，
俟長二寸，即扶以小竹。七月中開花，結黑子，一圓苞內藏數
粒，玉色者名銀錢。《白氏集》有咏："能買三村景，難供九
府輸。"

---

①　"藜烝藿羹"，《文淵閣四庫全書》本《欒城集》同，明張士隆重刊本作"藜藿
烝羹"。"以佐晨烹"，原作"以備晨烹"；"熱惱"，原作"熱腦"，《文淵閣四庫全書》
本作"熟惱"，據《欒城集》明張士隆重刊本改。

秋海棠

秋海棠,草類。相傳昔有女子懷人不至,涕淚灑地,遂生此花,色如婦面,名斷腸花。花於七八月中開,淺紅色,葉綠,花梗亦紅。更有一種,葉背如胭脂,作界紋,似勝綠葉,而花色較淡。結子如薯蕷,著枝間。種之亦可出。性畏日而喜陰濕,最宜背日牆下。或用盆栽,冬間恐凍損,移置室中,稍以水潤之,不令太枯,至三月發芽。此花好潔,唯用清水澆灌,一切污穢皆不可近。然又喜肥,須以糞坑內瓦片漾淨,放根鬚邊,極盛。切不可用土覆,覆則立萎。

顧東橋詩云:"陰葉翠瑤濕,薄英紅粉香。絕憐秋苑下,復爾見春光。"陳石亭詩云:"露浥秋姿膩,風回宮袂涼。無緣被春色,猶得向秋陽。"此花盛於金陵,凡士庶家及妓館僧廬無不栽之。二公爲金陵人,故賦詩特工,古人咏花都未及此。

雁來紅 十樣錦附

雁來紅,俗呼老少年。春分下種,出後移栽。高六七尺。感秋氣,其莖端新葉層簇,鮮紅可愛,愈久愈妍。別有純黃者。《癸辛雜識》云:"雁來紅,即藿也。"《毗陵志》云:"雁來紅,似藿而葉端色黃,即玉樹後庭花。又一種名映日紅,其葉盡赤。"據此,乃知似藿而葉端色黃者,蓋指十樣錦,而映日紅則老少年無疑矣。二種相類,故其名易混。十樣錦葉綠,初出時與莧無辨,秋深秀出新葉,紅黃相間。老少年葉初出後乃正紅。二種花細,獨取其葉。子著枝間,經霜則悴,子落自出,亦不必分栽。周子羽題《雁來紅》詩曰:"翔雁南來塞草秋,未霜紅葉已先愁。綠珠宴罷歸金谷,七尺珊瑚夜不收。"

説者以爲絶唱。

老少年葉可治鼻淵，搗爛取汁，滴入鼻中。

《浣花雜志》曰："凡秋色，其根最淺，待苗長尺許，即鋤土壅之。雨過，再壅土，高至五六寸，其本始固，秋間風雨無傾倒之虞。喜在肥地。"

雞冠花

雞冠花，佛書名波羅奢花。形高三五尺，葉似莧而尖，亦可食。其花褊而舒長，狀類雞冠，有紫、白、淡紅三色，亦有紅白相間者。就中又有如纓絡者，各種形狀不一。《浣花雜志》云："清明時下子，撒過即用糞澆，可免雀啄。"子細黑，藏於花中。[①]《瑣碎錄》云："種雞冠子，立撒則株高，坐撒則株低，盛扇撒之則如團扇，散髮撒之則成纓絡。如欲雙色，各披半邊，紉麻縛之。[②]"然屢試不驗。又有矮雞冠，種自金陵來，栽置階下，若侏儒然。一名壽星雞冠。此花秋深與雁來紅、十樣錦爭奇競秀，極爲圃中點綴。唯白雞冠子主治婦人淋症最驗。

觀音蓮

觀音蓮，葉如芋，高大倍之，甚盛者不減芭蕉。秋間開花，白色，止一大瓣，如蓮，蓮葉中花蕊頗類佛像，故名。或云：孕婦不宜近，近則墮胎。《治圃須知》有佛龕花，想即

① "子細黑藏於花中"七字，疑當在"各種形狀不一"下。
② "立撒"至"縛之"共三十八字，《瑣碎錄》作"如立撒子則高株方開花若坐撒子則小株低矮開花如以扇或婦人裙撒子則花大亦如之如以手撒子則花如手指"。

此矣。

秋牡丹

秋牡丹，草花，嗅之微臭。春分移植，易於繁衍。九月中先菊花開，單葉，紫色，有類於菊；其葉似牡丹，故名。

滴滴金

滴滴金，一名滴露，秋開花。《邵武府志》云："莖高可二三尺，葉如柳，附莖而生，花如單葉菊而色黃。其葉上露滴地即生，最易繁衍。"

金盞 即常春花

金盞，花如小盞，與單葉水仙同，故名金盞。葉淺綠，花紅黃色。蓋草類也。植闌檻間，艷麗可愛。八月中下種即出，臘月開花，至春尤盛，四時相繼不絕，故又名常春花。結子白色而彎長，與諸卉絕異。子落自出，不必分栽。其花有色無香，嗅之殊惱人。

虎耳 即金絲荷葉

虎耳，葉如錢而大，叢生於石，俗呼金絲荷葉。蓋其葉類荷而有金絲繚繞，故名。三四月間開細白花。小兒耳病，研取汁，滴少許入耳中，即愈。一說：潤州以北虎耳葉小而尖，不如姑蘇以南之圓而肥。名以虎耳，蓋象形也。《浣花雜志》曰："春初，栽金絲荷葉於花砌間陰處，以糞坑瓦礫敲碎堆壅根邊。初種時，日用河水澆之，待活方止。性喜濕，如乾久則槁。"

珊瑚

珊瑚，葉如山茶而小，夏開白花，秋結紅實如珊瑚，累累可愛。宜在二月分栽，三月亦可，然苗長則難茂。宜興一種葉大莖長，名桃葉珊瑚，疑即此種，久而長大耳。別有一種雪裏珊瑚。《太倉志》云："雪裏珊瑚，蔓生，莖有毛，秋結子，經霜紅如珊瑚。"

金燈忽地笑附

金燈，獨莖直上，末分數枝，枝一花，色正紅，光焰如燈，故名。葉如韭而硬，八九月忽抽莖開花，花後乃發葉。《酉陽雜俎》云："金燈，曰九形，花葉不相見，一名無義草。合離，根如芋魁，有游子十二環之，相須而生，實不相連，以氣相屬。"《本草》謂之山茨菰，主癰疽、瘰癧、結核等，醋磨傅之，亦除皯䵟。閩人呼爲天蒜，又名石蒜。別有一種，名忽地笑，葉如萱，深青色，與金燈別；其花淺黃，似金萱而不香，亦花葉不相見。按楊君謙《吳邑志》云："金燈不甚大，色如黃金。"竊謂花以金名，必是黃色，而《太倉志》云"金燈俗呼忽地笑"，乃知二種相類，今總謂之金燈矣。

《浣花雜志》曰："開花後，其根即爛。俟其苗枯，十月中移栽肥土。性喜陰，即或樹下牆邊，①無露亦活。"

僧鞋菊即西番蓮

僧鞋菊，春初發苗如蒿艾，長三四尺，九月中開花，碧色，

―――――――

① "樹"，原誤作"櫥"，據上下文義改。

　　狀如僧鞋，故名。《松江府志》云："西番蓮，葉如菊，花如寶相，色淡青，與諸花異。人家間有之。"蓋指此也。《浣花雜志》曰："此花最易茂，正月即發芽，不耐栽移，極喜肥地。"

卷之十一

吴郡周文華含章補次

竹木部

竹

竹，幹淩青雲而直上，枝葉瀟疏，開色青翠，風來有聲。東坡居士曰："可使食無肉，不可居無竹。無肉令人瘦，無竹令人俗。人瘦尚可肥，士俗不可醫。傍人笑此言，似高還似癡。若對此君仍大嚼，^①世間那有楊州鶴。"

《竹譜》所載竹類甚詳，今止就吳地所種者而次之。一曰毛竹。遍身毛刺，其本堅厚，需用最多。其葉大即青箬，取作笠及舟蓋諸用。筍，冬初即生，名潭筍，味最鮮，出荆溪、苕溪、剡溪一帶山中。過玉山入江右、東粵所産則味苦，以石灰醃過方食，其味失矣。此竹非種山土不活。一曰護基竹。本高大而葉粗，種易盛，宜於圍宅，故名護基。四月生筍，肥而甘。一曰燕竹。三月初燕來生筍，故以燕名。其本青細，筍

---

① "仍"，原作"成"，據《東坡全集》改。

味鮮。喜潮鹵地，故嘉定、上海獨盛。一名貴竹。五月生筍，又名五月貴。即淡竹，又名五月淡。可劈篾，又名篾竹。亦易茂，筍苦，不可食。一曰紫竹。高可丈餘，大僅手握。相傳紹興中有商泛海，阻風山下，見一僧背後有竹，斬之作杖，隨刃有光倏忽，即是落伽山觀音座後旃檀林紫竹，又名觀音竹。可作簫笛。一曰斑竹。《博物志》云："洞庭之山，帝二女揮涕於竹，竹盡生斑。又名斑皮竹。長短大小不等，可作扇邊，又與紫竹並取充文房諸具之用。"一名金竹。幹色純黃似金。一名黃金間碧玉，幹青黃色，間節或一節半青半黃。一曰方竹。本方可徑寸，而長似紫竹。種出天台，近有移至吳中，亦活。一曰慈竹。《述異記》曰："漢章帝三年，子母竹筍生白虎殿前，時謂之孝竹，群臣作《孝竹頌》。①"李太白《姑孰十咏》有《慈姥竹》。② 《海錄》曰："紫雲蓋，慈竹也。"其本叢生，其色與形俱與他竹迥別。冬夏俱出筍，冬繞於母竹之外，夏生於母竹之內。人取其慈孝名義，多植之，種極易生。一曰鳳尾竹。高五六尺，本細，葉多，形如鳳尾，庭砌可種。一曰水竹。作盆中清玩，喜瘦不喜肥，宜澆水及冷茶。

　　《委齋百卉志》曰："竹有雌雄，雌者多筍。凡物欲辨雌雄，當自根上第一枝觀之，雙枝者爲雌，獨枝者爲雄。"《酉陽雜俎》曰："竹，六十年易根，則結實枯死。"沙門贊寧《筍譜》曰：③竹根曰鞭，以鞭行時，八月爲春，二三月爲秋。凡百穀皆以始生爲春，成熟爲秋也。

　　種法：須俟五月十三日，《岳州風土記》謂之龍生日，《齊

---

① "孝竹頌"，原作"孝行頌"，據《太平御覽》改。
② "慈姥竹"，原作"慈姥行"，據《李太白全集》改。
③ "筍譜"，原作"竹譜"，據《文淵閣四庫全書》本《筍譜》改。

民要術》謂之竹醉日，又謂之竹迷日。宋子京《種竹詩》：“除地牆陰植翠筠，疏枝茂葉與時新。賴逢醉日元無損，政自得全於酒人。”一云宜用辰日。黃山谷詩：“根須辰日劚，筍要上番成。①”一云宜用臘月。杜少陵詩：“東陵竹影薄，臘月更宜栽。”一云宜每月本命日，如正月一日、二月二日之類。然諺云：“種竹無時，雨過便移。多留宿土，記取南枝。”凡大暑大寒中必不能活，宜忌之。種須掘闊溝，鋤治令熟，以馬糞和泥填高尺許。如無馬糞，以礱糠代之。候至雨霽，劚取向南枝，斬去枝梢，舁以草繩，移種東北角。每數竿一叢，以河泥壅之，勿以足踏及用鋤築實。如慮風搖，須作架扶之。蓋竹性向西南，故須種東北。諺云“東家種竹，西家治地”是也。若生竹米，滿林輒枯。法：於初時擇一大竿，截留二三尺，鑽通其節，以犬糞實之。或云：如欲引竹於隔籬，埋貍或死貓於牆下，明年筍自迸出。唯聚皂莢刺或芝麻箕埋之土中，可以障之。每年冬初，宜用田泥壅根。筍殼名花籜，收取覆瓿。毛竹筍籜外毛內光亮，質硬不卷，與他筍籜異，可作鞋底。

松 松之所貴不在子，故不入果部

松，古人呼爲蒼顏。《史記》曰：“松柏爲百木長。②”《抱朴子》曰：“松之三千歲者，其皮中有聚芝，狀如龍形，名曰飛節芝。③”《異苑》云：“漢末大亂，宮人、小黃門上樹避兵，食松柏實，遂不復饑，身生毛，長尺許。魏武聞而收養之，還食穀，

---

① “要”，原作“看”，據《山谷集》改。
② “史記”，原作“叟記”，據《太平御覽》改。
③ “聚芝”，原作“聚脂”，據《太平御覽》改。

齒落頭白。”唐玄奘法師往西域，①手摩靈巖寺松，曰：“吾西去求佛教，汝可西長；吾歸，即東向，使吾弟子輩知之。”既去，其枝年年西指。一年，忽東向，弟子曰：“教主歸矣。”果還。至今謂之摩頂松。凡松之言兩粒、五粒者，粒當作鬛。五鬛松皮不鱗。又有七鬛者。三鬛松俗謂之孔雀松。《玉策》云：“千年松柏，枝葉上杪，望如偃蓋。其中有物，如青牛青羊。采食其實，得長生。”《酉陽》云：“欲松不長，以石抵其直下根，必千年方偃。”《灌園史》曰：“截去松中大根，惟留四旁根鬛，則無不偃蓋。”《博物志》曰：“松脂入地千歲爲茯苓，茯苓千歲爲琥珀。琥珀，一名江珠。今大山有茯苓而無琥珀，益州永昌出琥珀而無茯苓。”《本草經》曰：“松脂，一名松肪，味苦，溫中，出隴西，如膠者善。久服，輕身延年。”②《本草》曰：“松花，名松黃。”《廣志》曰：“千歲老松，子色黃白，味似栗，可食。”

　　今松有三種。一名剔牙松，幹青而枝葉疏秀，歲久未得高大，種出杭州。一名天目松，出天目山，幹短而枝葉拳折，有古意。柴松，隨地皆有，數載便可參天。小時不堪觀，大則結頂成林，覆陰尤妙。剔牙松宜庭際，天目松宜盆玩，柴松宜山及墓上。剔牙松食子，味甘。柴松取花，和蜜作餅，清香可口。松葉隆冬不凋，唯春秋二時生新葉，脫舊葉，生新皮，脫舊皮。長數尺，雖微風亦有松濤。

　　種法：於春分前浸子十日，治畦，下糞。漫散畦內，如種菜法，或單排點種，覆土二指許。搭棚蔽日，旱則以水頻澆，

---

　　①　“玄奘”，原作“玄裝”，逕改。
　　②　“溫”下“中”，原脫，據《太平御覽》補。“出隴西如膠者善”七字，《文淵閣四庫全書》本《太平御覽》無。

秋後去棚，結籬障北面，以禦風寒。仍以麥糠覆樹，令厚數寸，穀雨前後去糠，澆之。三年之後，帶土移栽，須先掘一區，以糞土填，合水調成稀泥，栽植於內，擁土令滿，下水塌實，勿以腳踏及用杵築。次日開裂，以腳躡合，常澆令濕。十月祛倒，以土覆藏，勿使露樹，至春去之。若栽大樹，亦於社前廣留根土，剗去低枝，用繩纏束，勿使搖動，記其南北，運至區處，栽如前法。天目松不用糞，喜背陰處。柴松飄子落處，即出松秧，尤宜山土。剔牙松最忌傷本，稍以指傷皮，即松脂成溜，如欲修之，即以火鐵燙止，用糞泥密封，方不泄氣。柴松任意修翦，大則可充柴木之用。

柏

　　柏，一名蒼官。《爾雅》曰："柏，椈也。"《廣雅》曰："一名汁柏。"《廣志》曰："有繢柏，有計柏。"崔寔《月令》曰："七月收柏實。"《列仙傳》曰："赤松子好食柏實，齒落更生。"

　　今柏有四種。扁柏葉扁質黃，一名黃柏。檜柏葉尖質赤，一名檜尖，又名血柏。側柏葉俱側如掌，香味清涼，摘可炮湯。瓔珞柏枝葉如瓔珞。側柏種貴，唯園圃中植之。檜柏體堅難長，亦難萎。扁柏易長易萎，山地丘隴並相宜。瓔珞柏亦難長，可植庭際。俱無花，有子，色至冬天愈翠。

　　春分下子，清明或秋後移栽。大抵松柏時時可植，止不宜於夏月，極喜糞澆。檜柏小時可翦縛作盆玩，亦可就其軟枝扎屏闌，材大者伐解造櫥桌甚佳，較勝於黃柏。

杉

　　杉，幹直，葉細，易長，二十年後便可參天。其形古，其色翠,望之可愛。江浙間最盛,而徽州婺源者質最堅,紋理豎粗,又名徑木,自棟梁以至器用小物,無不畢需。他木久,生蟲蚝,此則性乾燥,千年不朽,即水浸雨淋亦比他木遲毀。山中植者鬻價斬伐,明年放火燒山,驅牛耕轉,則火灰壓下,土氣漸肥,然後插種。今吳中專植杉於丘墓園圃中,土山曲徑亦間植之。法:宜驚蟄前後斬取新枝,鋤坑,入枝,下泥,杵緊。天陰即插,遇雨尤妙。大者伐取,亦可充用,但鬆嫩,不如山中者堪施斧鋸。

槐

槐,葉細,皮粗,質鬆脆,非貴種,只取槐陰。昔齊景公種槐,令云:"犯槐者刑,傷槐者死。"王祐嘗手植三槐於庭,謂:"吾子必有興者。"生子王曾爲丞相。六月開小花,花形彎轉。花謝,收取煎汁,染紙布,色深黃。可入藥。結子,至明年春盡方落,自生小槐,正、二月移栽。《灌園史》曰:"收熟槐子,曬乾,夏至前以水浸,生芽,和麻子撒,當年即與麻齊。刈麻留槐,別豎木,以繩欄定,來年復種麻其上,三年後移植,則亭亭條直可愛。"

別有盤槐,膚理、葉色俱與槐同而枝從頂生,下垂盤結,蒙密如罩。性難長,雖百年者高不盈丈餘,植門牆外或廳署前,齊整可觀,不宜種於參差林木處。

榆

榆有三種:黃榆、青榆、野榆,葉俱細密,色綠覆陰。諺云:"種榆柳者,夏得其蔭。"野榆又有沙、棉二種。黃榆質堅潤,可作器用。青榆則性劣。野沙榆亦可混入黃榆,而野棉榆劣更甚。今園圃門牆皆植黃榆，青者間亦雜之。野榆唯鄉村野畔最多，非特栽者。各種俱有子。春分下子，喜肥土，頻澆糞，兩三年便可移栽。栽時，截去上枝，用箬包裹，下土，踐實，身縛荆棘，以防人畜旋繞搖動。或云：春間收莢，漫手撒之，明年春初附地芟殺，以爛草覆其上，放火燒草，數條俱生，留一強者，三年乃移，不用剝沐。野榆，鳥啄子，出糞，背陰地即生。

梧桐 梧桐不貴食子，故不列果部

梧桐，直幹，葉稍似芙蓉而大。《爾雅注》：「榮木，梧桐也，橐鄂皆五。陶淵明詩‘冉冉榮木，結根於兹’是也。或以爲榮華，失之矣。《禮記》云：「季春之月，桐始華。」《周書》曰：「清明之日桐始華，桐若不花，歲有大寒。」《詩義疏》曰：「有青桐、赤桐、白桐。白桐宜琴瑟。」《遁甲》曰：「梧桐生十二葉，一邊有六葉。從下數，一葉爲一月，至上十二葉。有閏，則十三葉。視葉小者，則知閏何月也。」王逸曰：「松柏冬茂，陰木也。梧桐春榮，陽木也。」《風俗通》曰：「梧桐，生於嶧山之陽，巖石之上。采東南孫枝爲琴，聲極清麗。孫枝，枝之生於根者也。」唐王義方買宅既定，見青桐二株，曰：「此忘酬直。」或謂無別酬例。王曰：「此嘉樹，非他物比。」急召宅主，付之錢三千。蓋古人喜據梧而吟也。

然易栽植。春間種子，治畦，下水即生。稍長，可移栽，亦在春時。其根甚脆，不得損折。地喜實不喜浮，喜清不喜濁，栽背陰處方盛。三月盡四月初發芽，漸放葉成綠蓋。五月始花，即結子。八月方可擊下子，去殼，香而有味。立秋之刻，必脫一葉，以後漸脫，至冬則一葉無存。

楊柳①

楊柳,在在有之。《説文》曰:"楊,蒲柳也。""檉,河柳也。""柳,小楊也。"《通志》云:"柳曰天棘。"《大戴禮》曰:"正月柳稊。稊,發芽也。"崔寔《月令》曰:"三月三日及上除采柳絮,可以愈瘡。"張敞爲京兆尹時,罷朝會,過走馬章臺,街有柳,終唐時號章臺柳。《南史》云:劉俊之爲益州刺史,獻蜀柳數株,枝條拂披,裊如絲縷。武帝以植太昌靈和殿前,常咨嗟嘆曰:"此柳風流可愛,似張緒當年。"《隋書》云:"煬帝自板渚引河,築道,植以柳,名曰隋堤一千三百里。"

《毛詩疏義》曰:"蒲柳之木二種,一種皮正青,一種皮紅。"又曰:"杞柳也,生水旁,葉粗而白,木理微赤,今人以爲轂。"《古今注》曰:"白楊葉圓,青楊葉長,柳葉亦長細。柂楊圓葉弱蒂,②微風則大搖,一名高飛,一名獨搖。蒲柳,生水邊,葉似青楊,亦曰蒲楊。③ 柂楊,亦曰柂柳,亦曰蒲柂。④ 水楊,蒲楊也,枝勁韌,任矢用。⑤ 又有赤楊,霜降則葉赤,材理亦赤也。"今村居野畔俱植白楊、赤楊,唯園圃中植青楊、柂楊及柳三種,枝幹皆入畫景。

扦插須帶嫩條方活,然十必死其二三。白楊、赤楊,隨手攀折或老根着地即生發,伐以爲薪。有云"順插爲楊,倒插爲柳",此謬語,不可信。法:宜臘月扦插,交春犯蛀。扦時削尖

---

① "楊柳"下,卷前目録有"西河柳附"四字,篇題無。
② "柂楊",原作"移楊",據《古今注》改。
③ "葉",原作"蒂";"蒲楊",原作"蒲移"。據《古今注》改。
④ "柂楊",原脱;"亦曰蒲楊",原脱。據《古今注》補。
⑤ "蒲楊",原脱,據《古今注》補。"枝勁韌,任矢用",原作"枝勁而韌,可任大用",據《太平御覽》改。"任矢用",《文淵閣四庫全書》本《古今注》無。

大頭，以利刀劈開其皮，夾甘草一片，入土，亦不生蟲。扦喜實土，浮則多凍死。

棕櫚

棕櫚，一名鬣葵，又名蒲葵。《廣志》曰："棕，一名栟櫚。葉如車輪，有皮纏之，二旬一采，轉復上生。"《山海經》曰："石脆之山，其木多棕。[①]"八月開黃花，九、十月結子，墮地即生小樹，或鳥雀食子，出糞牆下，亦生。秋分移栽，性喜鬆土。先掘大穴，純用狗糞鋪底，種樹入穴，再用肥土填滿。初種月餘，以河水間日一澆，既活，永不須澆灌。剥棕縛花枝，絞細繩扎竹屏闌，粗繩扛樹垜盆石，雖經雨不朽爛。園圃中最不可缺此。近吳中又取色紫圓亮者結鞋，著之甚雅，且不染塵。其樹本造戽水車轂，最能堅久。

椿

椿，樹高聳而枝葉疏，與樗不異。香者曰椿，臭者曰樗，俗亦呼臭椿。圃中沿牆宜多植椿。春夏之交，嫩葉初放即摘之，淖熟點茶，味絕香美。或拌鹽，鋪鐵篩內，下燃炭火，炙乾，秋冬時取出，以滾水充炮，其味稍遜於鮮者，卻可致遠。根旁出小椿，春、秋二分栽，即活。五月開花着子，落地亦出。

冬青

冬青，枝幹疏勁，葉綠而亮，色、狀皆如木樨，隆冬不枯，故名冬青。園徑排直，號曰冬牆。四五月開白花，氣臭。花

---

① "石脆"，原作"㢮"，據《山海經》改。

含蕊必雨，花脱則晴。結子圓青，可以釀酒。墜地生小樹，移植即長。性賤，除夏日，隨時可移。欲其盛，以豬糞壅，或以豬溺灌之，雖至凋瘁，亦轉青茂。其木質甚細，取以造梭。又一種，名細葉冬青，枝葉細軟，乘短小時種傍籬下，密編，以蔽籬眼，堅久如壁。

石楠①

草部

菖蒲

菖蒲，九節，仙家所珍。一名菖歜，一名堯韭，一名昌陽。青葉長一二尺許，其葉中心有脊，狀如劍。五月、十二月采根，今以端陽日收之。其根盤曲有節，狀如馬鞭大，一根傍引三四根，傍根節尤密。初虛軟，曝乾方堅實。析之，中心色微赤。嚼之，辛香，少滓，治風濕。《本草》云：“一寸十二節者，又名烏韭。”《抱朴子》曰：“韓終服菖蒲十三年，身有毛。”《呂覽》曰：“菖蒲，草之先生者也。冬至五旬七日，菖始生，故菖蒲又謂之蘭蓀。”《援神契》曰：“菖蒲益聰。”《風俗通》云：“菖蒲放花，人食之可長年。”梁太祖張后見庭前菖蒲花光彩照灼，問侍者，俱不見。后嘗聞之“見者當富貴”，因取吞之，是月產武帝。蘇子瞻《和子由菖蒲》詩云：“無鼻何由識薔蕡，②有花今始信菖蒲。”

---

① “石楠”，目錄有此條，《圃史》正文缺頁。
② “薔”原作“簪”，據商務印書館《蘇東坡集》之《和子由盆中石菖蒲忽生九花》詩改。

今人種此於池中，端陽取根，和雄黃入酒，餘惟入藥。別有細葉者，用瓦屑栽盆盎中，最爲清玩。《灌園史》載："蒲種有六，曰金錢、牛頂、臺蒲、劍脊、虎鬚、香苗。"長佩《花史》云："蒲有四種：福建蒲細長而直，泉州蒲茂短而黑，龍泉蒲盤繞而粗，蘇州蒲壯長而密。"蓋蒲性見土則粗，見石則細。蘇人多植土中，取其易茂。今福建、泉州不可多得。

法：當於四月初旬，不論粗細，皆去泥淨翦，用堅石敲屑，去粗頭，淘去細垢，密密種實，深水蓄之，不令見日。半月後，長成粗葉，即便修去，秋初再翦，年月漸深，根鬚盤錯，無令塵垢相染，日色相侵，自然稠密細短。九月移室中，不可缺水。十一月用缸密蓋地上，仍以土封缸口。二月初開，置無風處。性極畏春風，清明後始可動移分翦。若石上蒲，尤宜洗根，澆以雨水，勿見風烟，夜移就露，日出即收。如患葉黃，壅以鼠糞或蝙蝠糞，用水灑之。若欲其直，以綿裹箸頭，每朝捋之。宜蓄梅水，漸添滋養。如置几上，須繫疏簾，微襲日暖，青翠易生，尤堪清目。最忌油污及貓吃水，犯之即爛死至根。修翦於四月初八日尤妙，俗云"四月八日翦蒲髮"。然翦不如逐葉摘剝到根，其苗自然細直。

養蒲總訣：換水不換水，凡嫌水宿，以一淨器傾出原盆清水，盡去濁水，添加新水，仍入原水，方不泄元氣，故曰換水不換水。[1] 見天不見日。見天使霑雨露，見日恐壯而黃。宜翦不宜分，翦頻則細而短，分頻則粗而稀。浸根不浸葉。浸根則潤，浸葉則腐。

四時訣：春遲出，春分出窖。夏不惜，可翦二次。秋水深，深水養之。冬藏密，十月後入窖。

---

① "換水不換水"，《倦圃蒔植記》作"添水不添水"。

四宜：春初宜早除黃葉，夏旦常宜滿灌漿。秋季更宜霑雨露，冬宜暖日避風霜。

四畏：春來畏見摧花雨，夏畏涼漿熱似湯。秋畏水根生垢膩，冬寒尤畏雪風霜。

芭蕉

芭蕉，《漢書注》：“一名芭苴。”《廣志》曰：“一名芭苴，或云甘蕉。莖如荷芋，大如盂斗。葉廣尺，長丈許。有角子，兩兩相抱，皮色黃白，味似葡萄，甜而脆。其莖解散如絲，績以爲葛，謂之蕉葛。雖脆而好，①色黃白，不如葛之赤色也。出交趾建安。”《南州異物志》曰：“甘蕉，草類，望之如樹，大者一圍；花大如酒杯，形色如芙蓉，著莖杪；根似芋，大者如車轂。凡三種：一種子大如手拇指，②長而銳，似羊角，因名羊角蕉，味最佳；一種子大如雞卵，似牛乳，遂名牛乳蕉，味微減；一種大如藕，長六七寸，形正方，最下也。取葉，以灰練之，如絲，可績。”梁沈約《甘蕉詩》曰：“抽葉固盈尺，擢本信兼圍。流甘掩椰實，弱縷冠絺衣。”唐僧懷素善書，貧無紙，嘗於故里種芭蕉，以供揮灑。本茂，生花，花實即成甘露。丘文莊公《群書抄方》載：“中蠱毒，用白蘘荷。”柳子厚在柳州，種之，蓋亦不知爲何物也。按《松江志》曰：“白蘘荷，即今甘露。”考之《本草》，其形、性正同。

或因《袁安臥雪圖》有雪中芭蕉，遂謂蕉能逾寒，而不知實畏寒。將至霜降，即用稻草密裹，不致凍萎，來年方能長

---

① “好”，原脫，據《太平御覽》補。
② “如手拇指”，《太平御覽》引《南州異物志》作“如梅”。

茂。栽宜向陰避風處，不喜糞。性愛暖，故於兩廣山中獨盛，遍地芭蕉，皆生甘露，民間取以和飯，以喂小孩，取其甘甜也。

金綫草

金綫草，俗名重陽柳，草類。莖紅，葉圓，其長不盈尺，重陽時吐枝，生紅花附其枝上，花甚細。《雁山志》云："金綫草，一名蟹殼草，葉圓如蟹殼，蔓生，節間有紅綫，長尺許。或生巖石上與井池邊。性亦寒涼，治湯火瘡最效。"

翠雲草

翠雲草，以其葉青翠似雲，故名。止可供玩而無香，非芸草也。《太倉志》云："翠雲草，生陰濕處，滿砌如連錢，青翠可愛。"即此。

種法：用舊草鞋浸糞坑，透濕，撈起曬乾，再浸再曬，凡數次。將石壓平，安放草側，待其蔓上生根，移栽別處方盛。

《丹方》："取其汁，治五疸，極效。將水洗淨，搗爛，絞汁，每日用滾酒沖下。①"

薜荔

《楚辭》："披薜荔兮帶女蘿。"注：薜荔，無根，緣物而生。《本草》云："在石曰石鱗，在地曰地錦，繞叢木曰長春藤，又曰扶芳藤，又曰龍鱗。"薜荔，即今所謂巴山虎是也。冬間種牆邊，攀援而上，兩三年大盛，覆陰如傘蓋，夏月毒蛇多宿叢處。

---

① "沖"，原作"充"，據文義逕改。

在樹者傷樹，樹不能長，其藤則漸大。

萱

　　萱，即千年萱，葉闊，叢生，深綠色，冬夏不枯，又名萬年青。吳中家家植之，以盛衰占興敗。有造房、治壙諸吉事，連根葉取置頂上，以爲祥瑞。結姻聘幣，翦綾絹肖千年萱與吉祥草及葱、松四形，並供盆中，大小不一。

　　種法：宜於春、秋二分時分種瓦盆，置背陰處。四月十四，俗言神仙生日，刪翦舊葉，拋棄通衢，令人踐踏，則新葉發，茂盛則再分。喜加肥土，澆用冷茶。

吉祥草

　　吉祥草，似萱而小，四時蒼翠不凋，九月開小花，内白外紫，如瑞香。《邵武志》云：“吉祥草，生泉石中。”《馮志》謂：“葉如鹿葱而小。”然此草微有莖葉，皆附莖而生，非如鹿葱葉出於地也。考《本草》亦有此名，謂其“味甘，温，無毒。主明目，強記，補心力。生西國，胡人移來”。第未知即是此否。《西湖游覽志餘》云：“吉祥草，蒼翠如建蘭而無花，不藉土自活，涉冬不枯，性極喜濕。杭人多植瓷盎，置几案間。”[1]日無缺水，則葉茂，色益鮮。栽不擇時，若亂植土中，不見其趣。王元章詩云：“得名良不惡，瀟灑在山房。生意無休息，存心固久長。風霜徒自老，蜂蝶爲誰忙。歲晚何人問，山空莫雨荒。”

---

　　① “杭人”，原作“今人”，據《西湖游覽志餘》改。“性極喜濕”四字，《西湖游覽志餘》無。

苔

苔，生陰濕處。《爾雅》曰：“蘚，石衣也。”《說文》曰：“苔，水衣也。”《古今注》曰：“苔，或紫，或青。一名圓蘚，一名綠錢，一名綠蘚。”[①]《風土記》曰：“石髮，水衣也。青綠色，皆生於石。”《述異記》曰：“苔錢，亦謂之澤葵，又名連錢草，南人呼爲姤草。”《本草》云：“一名昔邪，一名烏韭，一名天韭，一名垣嬴，一名鼠韭。”在屋曰屋游、瓦苔，在地上謂之地衣，在牆垣謂之垣衣。晋武帝時，祖梁國獻蔓苔，[②]亦曰金苔，又曰夜明苔。《拾遺記》云：晋祖梁國獻蔓金苔，[③]色如金，若螢火聚。投水中，蔓延波上，其光射目，如火。[④] 乃於宮中穿池百步以聚苔，或貯漆碗中，照耀滿室。[⑤] 著衣則如火光，名曰夜明苔。宮人有幸者，以金苔賜之。今園圃中花臺石砌及盆盎並喜綠苔點綴。或春時從他處移栽，或用米泔水澆，則盛。梅杏諸樹生苔斑，有古趣。

萍

萍，一名水華，一名水簾，生雷澤。《爾雅》曰：“苹，萍也。”無根，浮水而生。“其大者曰蘋。”《本草》曰：“味辛，寒，治暴熱身癢，下水氣，勝酒，烏鬚髮，久服輕身。”紫背者能治

---

① “苔”至“綠蘚”共十七字，《文淵閣四庫全書》本《古今注》無。
② “祖梁國獻”，原作“祖梨園叙”，據《拾遺記》改。
③ “梁國”上，原脫“祖”；“金苔”上，原脫“蔓”。據《拾遺記》補。
④ “其光射目如火”，《拾遺記》原作“光出照日皆如火生水上也”。
⑤ “池”，原作“地”，據《拾遺記》改。

瘋。春末夏初，池澤中受雨水即生。《瑣碎録》云："柳絮落水，經宿爲浮萍，隨風移動，色緑，亦綴園林之景，交冬自消。如養魚，則始生即食盡無遺也。"

卷之十二

吴郡周文華含章補次

蔬菜部

枸杞

枸杞，《爾雅》曰：“杞，枸檵。”陸機疏云：“一名苦杞。春作羹茹，微苦。莖似莓，子秋熟，正赤，服之可輕身益氣。”《本草》云：“一名杞根，①一名枸忌，一名地輔，一名羊乳，一名卻暑，一名仙人杖，一名西王母杖。”味苦，寒。根大寒，子微寒，無毒。無刺者食其莖葉，②補氣益精，除風明目，堅筋骨，補勞傷，強陰道，久食令人長壽。根名地骨。寇宗奭曰：“枸杞當用梗皮，地骨當用根皮，子當用紅實。”諺云：“去家千里，莫食枸杞。”言其補益強盛，無所爲也。和羊肉作羹，和粳米煮粥，入葱豉五味，補虛勞尤勝。南丘多枸杞，村人食之，多壽。潤州大井有老枸杞樹，井水益人，名著天下。其性與乳酪

---

① “杞根”，原誤倒，據《證類本草》乙正。
② “食”，原作“是”，據上下文義改。

相反。

凡山中皆有之，老本虬曲可愛，結子紅甚，點點若綴。其葉初萌，取炙點茶，甚美。吳中好事者植盆中，爲几案供玩。

甘菊 雖有色香，不足供玩，故不入菊類

甘菊，莖紫，氣香，味甘。《委齋百卉志》云：“可作羹。春月采之，亦有花。重陽時采以泛酒。”陸龜蒙采杞菊春苗，以供左右杯案，因作《杞菊賦》。

冬月鋤地成隴，以濃糞澆之。次年穀雨前後分秧，栽時摘去長根。種不宜密，用河水澆活，至黃梅內和糞再澆，三四次方茂。立夏至芒種一月內，亦防菊虎爲害。深秋摘花，去心蒂，以熟鹽和之，再入橙瓤或香橼瓤、甘草屑，共作湯，用沸水沖啖，①極清香，解酒。或止將花瓣曬乾，泡湯飲亦可。或摘菊頭，和糖露作餅，最有香韻。

五加皮

五加皮，蜀中名白刺顛。陶隱居云：“釀酒，主益人。”又異名曰金鹽。王屋山人曰：“何以得長久？何不食石蓄金鹽？②”又曰：“寧得一把五加，不用金玉滿車。”譙周《異物志》曰：“文章作酒，能成其味。以金買草，不言其貴。文章草，即五加皮也。”《本草》曰：“五加，五車之星精也。性喜肥，春分移栽，秋分後扦亦活。”今吳中園圃丘墓籬落並植之。清明

---

① “沖”，原作“充”，據上下文義改。
② “長久”，原作“常久”；“何不食石蓄金鹽”，原作“何以食蓄金鹽母”。按，《證類本草》引《東華真人煮石經》曰：“何以得長久？何不食石蓄金鹽？母何以得長壽？何不食石用玉豉？”據改。

時，葉方芽未放，摘之，鹽淖，熏乾，翠色欲滴，釀酒香冽。

椒

《春秋運斗樞》曰：“玉衡星散爲椒。”《爾雅》曰：“檓，大椒也。”《本草》曰：“椒，味辛，熱，有毒。主心腹冷氣，除齒痛，壯陽，療陰汗，縮小便，開腠理，通血脈，潤髮明目，殺鬼疰、蠱毒及魚蛇毒，久服輕身延年。又能敵穢，凡感楊梅瘡毒者，食之俱能消解。烹鮮，入調和，能殺腥氣，性與鰻鱺相反。多食令人乏氣，十月勿食。赤色者佳，閉口者殺人。”喜栽陰處，宜壅河泥，若糞澆，則葉焦死。四月開小花，五六月摘青椒，入鹽梅及醬瓜内，最有風味。

萵苣

苣，數種，有苦苣，有白苣、紫苣，皆可食。苦苣，野苣也，又名褊苣。白苣，葉有白毛，嶺南有之，吳地無此，唯植野苣以供厨饌，所謂萵苣也。《本草》曰：“味苦，冷，微毒。補筋骨，利五臟，開胸膈壅氣，通經脈，止脾氣，令人齒白、聰明、少睡。產後不可食，令人寒中，小腹作痛。”六月收子，八月下種，十月分栽。冬間以濃糞澆七八次，培壅二三次。三月起土。削皮，和鹽入瓷器，切片點茶，或入醬作蔬，或同雞肉煮作羹，皆有鮮味。

茭白

茭白，一名雕胡。古人有作雕胡飯者。《本草》云：“味甘，冷，去煩熱。”又云：“主五臟邪氣，腸胃痼熱，心胸浮熱，止消渴，利小便。多食令人下焦冷，發冷氣，傷陽道。不可同蜜

食。"清明前分秧，每科四五根，插蒔水田內或池澤邊，不用澆
灌。逐年移之，心不黑。若犯鐵器，則變爲野。四五月取葉，
裹角黍。五六月茭白甚盛，取以和羹。可生啖，唯糟食、醋食
味佳。

茄

茄，一名落蘇。凡三色，或青，或紫，或白。紫爲上，青次
之，白爲下。又有兩形，或尖長如牛角，或渾圓如小瓜。尖長
者鬆嫩，渾圓者老而多子。早者四五月生花即結實，晚者六
月始生，九月尚盛。莖高二三尺。隋煬帝名茄子爲昆侖紫
瓜。昔蔡遵爲吳興郡守，齋前種白莧、紫茄，以爲常膳。

種法：九月間劈子，淘淨，曝乾藏之。至春布種，以糞水
頻澆，常令潤澤。生葉，有蝨，每晨去之。合泥移栽，但性畏
日炙，須有雨時或夜間栽之。栽宜稀密得勻，太密難長，太稀
則日曬土熱，易萎。夏天日日澆水，地宜肥，瘠則少結。一
云：種時，初見根處拍開，掐硫黃一錢，以泥培之，結子倍多，
其大如盞，味甘而能益人。或俟花開時，取葉布過路，以灰圍
之，結子加倍，謂之嫁茄。或於晦日種莧其傍，同澆灌之，茄、
莧俱茂。

作羹，或燒煮充素饌，或醃，或醋，或醬，或糟，或取小者
浸芥辣，食俱佳，而糟、辣二種尤善。唯吾蘇各邑得此法。
糟、辣並宜晚茄。有剝取茄蒂，風乾，歲朝和菜花乾食，名安
樂菜。

蘿蔔 胡蘿蔔附

蘿蔔，一名土酥。《委齋百卉志》曰："其葉謂之蕪菁，又

名蔓菁，形似菘，可生食，味微辛。"劉夢得曰："三蜀之人呼蔓菁爲諸葛菜。"王奭善營度，子弟不許仕宦，每年止令種火田玉乳蘿蔔、壺城馬面菘，可致千緡。東坡詩："中有蘆菔根，尚含曉露清。"蘿白，蔓青，實有二種。種宜春，食於夏，其莖紅者，爲蘿白。種宜秋，食於冬，其莖白者，爲蔓青。

　　《本草》曰："蘿白，味辛、甘，溫，無毒。煮食，下氣，消穀，去痰癖，止咳嗽，制麵毒。搗汁服，主消渴，治肺痿，能止血消血。與地黃、何首烏同食，令人髮白。子名萊菔，治喘嗽，下氣，消食，以衝牆壁。蔓青，味苦，[①]溫，無毒。主利五臟，輕身，益氣，子能明目。"

　　每子一升，可種甘畦。先用熟糞勻布畦內，仍用生糞和子撒種，以疏爲良，密則芟之。帶露勿鋤，犯則生蟲。或云：以宜州大梨刳去其核，留頂作蓋，如甕子狀，納蘿蔔子，以頂蓋之，埋於地中，候梨乾或爛，取出分種，則實如梨圓，且有梨味矣。起土，洗淨，以刀四破之，或鹽，或醋，或糟，或用鹽汁浸，蒸曬作乾，俱可啖。或酒煮作饌，或肉和作羹，並亦相宜。

　　別有一種，紅皮，鮮如血染，毘陵間有之，京口以上則遍地矣。蘇松嘉湖間絕無，人偶携歸，以水漾之爲玩。

　　胡蘿蔔，形如錘柄。有二種：一種出江南，正黃色，上下相等，長可八九寸；一種出江北，赭黃色，上細下粗，長僅四五寸，味甜。《本草》曰："味甘，平，無毒，主下氣，[②]利腸胃。"種宜潮沙地。六月下子，七月分栽；七月下子，八月分栽。喜糞澆。九十月起土。和羹，或切段，或界絲，並曬乾；或長條，綫

---

①　"味"下"苦"，原脱，據《飲膳正要》補。
②　"氣"上"下"，原脱，據《飲膳正要》補。

穿，挂檐下風乾，食有風味。

芋

芋，名土芝，一名蹲鴟。芋數種，叢生，有水芋，有旱芋，大者爲魁，小者爲子。荒年可以度饑。《本草》曰："芋，味辛，平，有毒。主寬腸，充肌膚，滑中。久食令人虛勞無力；冬月食之，不發病。紫芋毒少，青芋毒多，野芋殺人。①"《廣志》曰：君子芋大如斗魁，青邊芋、談善芋大如瓶，少子，葉如繖蓋，緗色，紫莖。②《孝經援神契》曰："仲冬，昴星中，收莒芋。宋均曰：莒亦芋。③"《風土記》曰："博士芋，蔓生，根如鵝鴨卵。"《莊子》"狙公賦芋"，④杜詩"園收芧栗"。"芧栗"，果木也，誤以爲芋，非。⑤唯相傳昔人有《擁爐煨芋》詩："深夜一爐火，渾家團圞坐。煨得芋頭熟，天子不如我。"則此品可當南面王樂，豈獨禦窮哉！有老僧築芋爲塹，以度凶歲，人多賴之。

種法：先擇善種，於南檐掘坑，以礱糠鋪底，將種放下，用稻草蓋之。至三月間，取埋肥地，苗發數葉，移栽近水處。區行欲寬，寬則過風；芋本欲深，深則根大。壅以河泥，或用灰糞；霜降捋葉，使液歸根。吳中所種，最大無過茶甌，粵東西

---

① "滑中"，原作"滑口"，據《飲膳正要》、《神農本草經》改。"勞"上"虛"，原爲空格，《證類本草》引孟詵《食療本草》作"久食令人虛勞無力"，據此補。

② "大如斗魁"，《要術》引《廣志》作："有君子芋大如斗魁如杵筥"；"青邊芋談善芋"，《要術》引《廣志》曰："有車轂芋有鋸子芋有勞巨芋有青浥芋此四芋多子有淡善芋魁大如瓶少子葉如繖蓋紺色紫莖"。"繖"，原作"撒"，據《要術》改。

③ "昴"，原作"鼎"；"宋均"，原作"米均"。據《太平御覽》改。

④ "狙公"，原作"祖公"，據《莊子集釋·齊物論》改。

⑤ 清錢謙益箋註《杜工部集》中《南鄰》作"園收芋粟—云粟不全貧"，此處所引"芧栗"，不知所據何本。

則有大至十斤者。切片，火炙，亦佳。小芋叢生，大芋身俗呼芋奶。和雞肉煮及烹素饌，皆堪啖。

山藥 香蕷、落花生附

山藥，一名薯。《負暄雜録》曰："山藥，本名薯蕷，唐代宗諱豫，改名薯藥。宋英宗諱曙，遂名山藥。"《本草》云："一名山芋。秦、楚名玉延，鄭、越名土薯，一名脩脆，一名兒草。"《異苑》云："掘取山藥，默然則獲，唱名便不可得。植之者隨所種之物而象之。兩廣山中最多，有重至二三十斤一條者。"

種法：先將肥地鋤鬆，作坑，揀取美種，竹刀切段，約二寸許，卧排種之，覆土五寸許。旱則以水澆之，如欲壅培，勿犯人糞，須以牛糞及用麻糝。既生苗蔓，以竹扶之。或云：霜降收子，種之亦得。若以足踏，根亦如之。古稱最大者曰天公掌，次者曰拙骨羊。今吳中所稱賞，遠曰濟寧，近曰嘉定。嘉定雖小於濟寧，而味更甘香，他土種者皆不如也。

香蕷，味淡甘。大者如雞卵，小者如彈丸。種法：於二月用極鬆地，握土成溝，入種，用雞糞、灰密蓋。夏則發藤，以竹引之。十月起土。煮數滾食，士庶家俱用點茶。

落花生，藤蔓，莖葉似扁豆，開花落地，一花就地結一果，其形與香蕷相似。亦二月内種，喜鬆土，用隔年肥灰壅，宜栽背陰處。秋盡冬初，取之煮食，味甚甘美，人所珍貴。若未經霜，則味苦難入口。與香蕷、山藥俱出嘉定瀕海之地者佳。

紫蘇 白蘇附

紫蘇，莖、葉俱紫，嗅之有香。《本草》云："味辛、甘，温，無毒。解蟹毒，主下氣，除寒中，解肌毒，發表，治心腹脹滿，開胃下食，止腳氣，通大小腸。煮汁飲之。”二月下子，四月分秧。初種，先澆河水，俟活，澆糞水，不可用濃糞。① 伏天摘其莖葉，入梅醬，頃刻紅如染血，撈出曬乾，拌糖，名梅蘇。凡糖醋蜜梅及瓜薑諸蔬品並需之。十月收子。

白蘇，莖、葉俱淡綠色。種法與紫者同，其性喜糞，須頻澆。只收子，味淡而鬆脆，作糖纏，食佳。

別有野蘇，斫取煎湯，盥浴，亦有香氣。子細而黑，不可食，亦無用。

薄苛②

薄苛，一名薄荷。《本草》曰：“味辛、苦，氣涼，性溫，無毒。主傷頭腦風，發汗，通利關節及小兒風涎、驚風壯熱。乃上行之藥，病新瘥人食之，令虛汗不止。貓食之即醉。”出吾郡學宮前。城中有臥龍街，而郡學爲龍首，故又名爲龍腦，其香味較他處産者果勝。

法：宜於清明內取舊根發芽者，不甚喜肥，止用清糞澆三四次。小暑後斫青頭，亦可泡湯，曬乾尤妙。或作糖纏，或入糖蜜脆梅，或澆糖成片，名薄苛糖，皆能佐酒。

薑

薑，苗高三尺，葉似箭竹葉而長，兩兩相對，苗青，根黃而無花實。《論語注》曰：“通神明，去穢惡。”晏敦復曰：③“薑桂之性，到老愈辣。”《本草》曰：“生薑，味辛、甘，氣微溫，去皮則

---

① “濃糞”下，原衍“十月收子”四字，與下文重，徑刪。
② “薄苛”，卷前目錄作“薄荷”。
③ “晏敦復”，原作“晏亨復”，據《宋史》改。

熱，留皮則溫。主傷寒頭痛、鼻塞、咳逆上氣，止嘔吐，入肺，開胃，益脾，散風，治痰嗽。無病人夜不宜食，蓋夜氣宜靜，而薑能動氣故耳。乾薑，味辛，溫熱，無毒，主胸膈咳逆，止腹痛、霍亂、脹滿，溫中。"

種法：宜於三月耕熟肥地，作畦種之，隴闊三尺，以便澆灌，培以蠶沙，或將灰糞壅之。待芽發，揠去老根，上作矮棚，以防日曝。秋社采之，遲則漸老成絲矣。小雪前後，將種曬乾，掘窖藏之，裹以糠秕，免致凍損。來春種之，其利益倍。諺云："養羊種薑，子利相當。"

早采，剝白，醋食極鮮。或醬食，可接新。老薑和羹，能解腥氣。

韭薤附

韭，叢生，葉細而長，近根處白。《周禮·醢人》："其實韭菹。"《爾雅》："藿，山韭。①"《曲禮》："韭曰豐本。"《委齋百卉志》曰："韭是草鍾乳。②"昔《南史》：③周顒清貧，終日長蔬。王儉謂顒曰："卿山中何所食？"答曰："赤米白鹽，綠葵紫蓼。"文惠太子問顒："菜中何味最勝？"曰："春初早韭，秋末晚菘。"《本草》曰："韭，味辛，微酸，氣溫，性急，無毒，不可與蜜同食。歸心，安五臟，除胃熱，下氣，補虛，充肝，利病人，宜常食。冬月用根研汁，飲之，下膈間瘀血。小兒初生，灌之，即吐惡血，一生少病。未出土時爲韭黃，食之滯氣。今烹饌中多用之。"

---

① "藿山韭"，原作"山韭莕"。按，《爾雅·釋草第十三》："藿，山韭。莕，山葱。"則"藿"脫、"莕"衍，據《爾雅》補、刪。
② "草鍾乳"，原作"菜鍾乳"，《本草綱目》作"草鍾乳"，據改。
③ "昔"字，疑衍。

種法：有用韭子，於二七月間先鋤肥地成隴，其土須極細，以碗合地上作範布子，範中用草把蓋，將水澆濕，上覆乾灰，不可渴水，候出爲度。有種根，宜於八月，種後須用河泥壅四圍。冬間土凍，培之尤妙。正月上辛，掃去陳葉，以杷摟起，下水，加糞。高至三寸然後翦之。① 至冬，移根，藏地窖中，培以馬糞，氣暖即長，其葉黃嫩，謂之韭黃，又名凍韭，又名韭芽。唯昆山圓明者味絕勝，價亦貴，百里外便艱得，視爲奇品。和醬與生肉，用麵作皮，煤熟，名韭餅，味極可口。

薤，似韭。《本草》曰："味辛、苦，氣溫，無毒。主金瘡瘡敗、諸瘡、中風寒、水腫，生搗，熱塗之。② 與蜜同搗，塗湯火瘡，甚效。歸心，去水氣，利病人，止久痢冷瀉。"齊田橫門人爲《薤露之歌》曰："薤上露何晞，明朝還復落。"種法：與韭同，二三月種，每尺一本，葉生則鋤。

葱

葱，凡四種，山葱、胡葱入藥，東葱、漢葱可食。似蒜，能消五穀。《本草》曰："味辛，溫，無毒。主傷寒寒熱，頭痛如破，發汗，中風，面目浮腫，喉痹不通，安胎，利五臟，歸目，除肝，通利大小腸。多食昏人神，忌與蜂蜜同食。能和羹。又名和事草。"種不拘時，先去冗鬚，密排種之，雞糞培壅。或以子種，來春移栽。

---

① "三寸"，原作"三尺"，《本草綱目》作"葉高三寸便翦"，據改。
② "塗之"上"熱"字，原作"熟"，據《本草集要》改。

蒜

蒜，即大蒜，因別有一種小蒜，故以名別之。五代宮中呼爲麝香草。花中水仙酷似其形，六朝人亦號水仙爲雅蒜。《本草》曰："味辛，溫，屬火，有毒。主散癰腫蠱瘡，除風邪毒，健胃、善化肉，破冷氣，爛痃癖，辟瘴氣、蠱毒、蛇蟲、溪毒，治中暑、霍亂、轉筋、腹痛，溫水送之。鼻衄不止，搗塗脚心，止即拭去。獨子者佳。"

八月初，鋤地成壠，逐瓣分，排懸，二三寸一科，糞水澆之。葉嫩長，摘以烹腐或和羹，俱佳。摘去復生。三月發苗，采可和肉，或醃食，亦爽口。氣臭，惟蒸熟作乾，則臭去味甘。四月起根，五月五日以醋浸之，經年食乃佳。或搗汁，入醋，澆石首魚。或打蒜醋入鹽菜，名蒜菜，味俱辛烈。

菜

菜，四時皆有，種類特異，總謂之蔬，有疏通之義焉。食之，則腸胃宜暢而無壅滯之患。

春曰春菜，又名白菜。《本草》曰："味甘，溫，無毒。主通利腸胃，除胸煩，解酒毒。"八月下子，十月分種，二三月起食。

夏曰菘菜。《本草》曰："性、味與白菜略同，然多食小冷。①"二月下子，三月分種，四五月起食。

秋曰葵菜，又名秋菜。王摩詰詩："南園露葵朝折。②"《灌園史》曰："葵能衛足，爲百菜長。"又云："凡掐，必須露解。

---

① "小冷"，原作"小令"。《證類本草》引陶隱居云："今人多食，如似小冷。"李時珍《本草綱目》引弘景曰："性和利人，多食似小冷。"據改。

② "南園"，原作"東園"，據《王右丞集箋注·田園樂七首》改。

謙曰'觸葵不掐葵，日中不剪韭'是也。"《本草》曰："味甘，寒，無毒。治五臟六腑寒熱、羸瘦、五癃，利小便，療婦人乳難。"四月下子，五月分種，七八月起食。

種於秋、起於冬則爲冬葵。早冬者，家家户户醃藏過冬，曰藏菜。此有有二種：①一名箭幹菜，幹長渾而白葉少。一名梵菜，相傳種出天竺國，故以梵名；幹扁短而青葉，多食，有香味，較勝箭幹。性各不同，箭幹宜燥土，梵菜宜潮地。二種俱七月下子，八月分栽。冬前起，醃方佳，若經霜，則皮脱。鹽菜，②宜先曬半日，洗淨，入鹽，箭幹鹽多，梵菜鹽少。醃過即以石壓缸内，冬至，煎汁上罈。晚冬者曰蹋菜，愈經霜雪，其味愈甜，止宜烹饌。九月下子，十月分栽。③春盡收子，榨油，以供一歲烹飪燃燈之用者，曰油菜。九月下子，十月分栽，春初發菜心，即生花。未花時，摘心以和羹，或醃或糟，俱甘鮮。心可摘一二次，復生長。二月開黄花，如鋪錦，騷人韻士都携酒賞之。有摘花，淖熟，曬乾，夏間作素饌，或拌醬炙肉，尤妙。

栽法：畦種爲上。先將熟糞和土寸許，耙耬令熟，用水澆潤，然後下子，以足蹋之，復覆糞土，深如其下。既生三葉，晨夕澆之，時時不可缺糞。

芥

芥，多種，有青芥、黄芥、紫芥、白芥。白芥似菘，有毛，味劣。《左傳》"季氏介其雞"，謂"擣芥子播其羽也"。《本草》

---

① 上"有"字，疑當作"又"。
② "鹽"，疑當作"醃"。
③ "九月下子十月分栽"八字，與下文重，疑衍。

云：“味辛，溫，無毒。歸鼻。主除腎邪氣，利九竅，明耳目，安中。久食溫中，多食動氣，生食發丹石。子，治風腫毒及麻痹，[①]醋研傅之。撲損瘀血，腰痛腎冷，和生薑研，微暖，塗貼。心痛，酒、醋服。”

北方種者，其根大如萄，[②]味佳。南方即傳其種，於土不相宜，比之南種，僅能稍勝。八九月下子，九十月栽種。喜濃糞，頻澆。冬盡，宜削草培根。

春間，取其心作菹，或取全本，入鹽，壓乾，其色碧翠，或再和茴香、椒末、蘿蔔片，名蓓蓊菜，俱有風味。其子以水浸片時，用悶醋同置石盆內，久研成漿，絞出，名芥辣，澆雞鵝及絲粉、切麵、素饌內，啖之，胸口俱爽。子須隔年者佳。或用磨捽，或不入醋，不絞查，並不得法。藏貯瓷瓶，可越數日，用韭菜塞口，不致出氣變味。

莧馬齒莧附

莧，有數種，赤莧、白莧、紫莧、紅莧，又有人莧、糠莧、鼠莧。惟人、白二種入藥，餘皆作蔬茹。《本草》曰：“味甘，寒，無毒。通九竅，殺虻蟲，益氣輕身，利大小便。多食動風，令人煩悶，冷中，損孕墮胎。不可與鱉同食。以其葉裹鱉甲屑，置土中，悉化成鱉。”八月收子。二月初旬下種。先鋤地成壠，將子拌細泥同撒，用濃糞蓋之。稍長，摘嫩葉煮食，老則無味。

馬齒莧，一名五行草，以其葉青、莖赤、根白、花黃、子黑

---

① “風腫毒”，《證類本草》引《日華子本草》作“風毒腫”。
② “萄”上，疑脫“蘿”字。

而得名也。其葉似豆瓣，故吳俗又呼爲醬瓣草。《本草》云：
"味酸，寒，性滑。節葉間有水銀，服之長年，頭髮不白。主目
盲白翳，利大小便，止渴，殺虫，去寒热，破癥結，塗白禿。"野
生，春時自發，遍地有之，不需人力播種。

菠薐菜

菠薐，外國種，莖微紫，葉圓而長，綠色。《本草》曰："性
冷，微毒，利五臟，通腸胃，解酒毒。北人多食肉麵，食此則
平。南人多食魚鱉水米，食此則冷。不可多食，冷大小腸，發
腰痛，令人脚弱不能行。服丹石人食之佳。"劉禹錫《佳話錄》
云："此菜來自西域頗棱國，誤呼菠薐。"《藝苑雌黃》亦云。
《灌園史》曰："鍾謨所嗜，名雨花菜。四月收子，八月下種。
喜肥細土，栽宜高阜處。和腐煮，尤香。"

芹

芹，一名水英。《委齋百卉志》曰："芹，楚葵也，字亦作
靳。"生水中，有二種：荻芹取根，白色；赤芹取莖葉，堪作菹。
嵇叔夜曰："野人有快曝背而美芹子者，欲獻之至尊，雖有區
區之意，亦已疏矣。"《本草》曰："味甘，平，寒，無毒。主女子
赤沃，止血，養精，保血脈，益氣，令人肥健，嗜食，治煩渴。"

今大江灘蘆葦內雜出，有長至五六尺者。南京城外，往
往栽之水田。園圃惟置根種於池澤，性愛肥土，不可缺水。
清明前發苗，摘取，入鹽點醋食，佳。

瓜豆部

王瓜

王瓜，蔓生，形長而圓。《禮記》曰：“孟夏之月，王瓜生。”今有青、白二種：白者曰旱王瓜，四月即結；青者曰晚王瓜，五六月結。俱宜嫩摘，老則色黃，故又名黃瓜。《本草》曰：“味苦，氣寒，無毒。主消渴、內痹、瘀血、月閉、寒熱、酸疼，益氣，愈聾，療諸邪氣、熱結、鼠瘻，散癰腫留血，止小便數遺不禁。”

種法：宜於臘月鋤土，極細，成壟。春分內作溝，以瓜子勻排，用柴灰密蓋，再用稻草橫鋪。將河水遍灑，濕透爲度，每晨又灑，候出方止。即澆糞水，未出不可經糞。

瓜味淡而脆，生切片，點薑醋，或拌肉食，糟、醬皆可。

生瓜

生瓜，亦蔓生，形似王瓜，稍長大。亦有青、白二種，白者色類扁蒲，青者色類田雞，又名田雞瓜。六月采取。種法亦與王瓜同。半破，鹽浸入醬爲醬瓜，可作齏。或鹽浸曬乾爲白瓜，點醋食。或生切片，曬乾，浸薑醋或拌糖醋，俱堪啖。

甜瓜

甜瓜，亦蔓生，形圓扁，六棱。皮有青、白二種，味甘，青者較勝。中有汁浸子，飲汁，更甘。《本草》曰：“味甘，寒，有毒。止渴除煩，多食令人虛，下部陰癢生瘡，動宿冷，發虛熱，破腹。”昆山圓明村出者爲最。候其在蔓上熟者，味鮮美。今圃人懼偷兒，多預采，以草盦熟，則味失矣。種法與王瓜同。

小暑後方熟，生時采之，亦與生瓜同。用肉稍厚，或鏤空，入生瓜片、青椒、薑絲、砂仁，掩蓋，投醬內，名八寶瓜，味佳。

別有一種，名蒜同瓜，形圓可三寸，而長六七寸，色青綠，有棱，其肉不似甜瓜之酥而味清香，爲絕勝。唯圓明出，他土栽之不生。又有一種，名金鵝蛋，狀類鵝卵而色純黃，亦有棱，其味與甜瓜同。

絲瓜

絲瓜，一名天羅絮，一名布瓜。花黃，結瓜深綠色，有紋而長，有長至二三尺者。《本草》曰：“性冷，解毒。痘瘡及脚癰，燒灰傅之。”粥鍋內煮熟，同薑醋食，佳。或同雞鴨猪肉炒食。枯者去皮及子，用瓢滌器。性賤，易生，不擇土。二月中，下子即出，亦搭架引藤，藤上架，方用糞水澆。四五月至七八月尚生結。霜降後收子，和羹亦香。《灌園史》曰：“種後，劈開近根，嵌銀硃少許，以泥培之，瓜瓤紅鮮可愛。”

冬瓜南瓜、北瓜附

冬瓜，皮上有霜，有大三尺、圍長四五尺者。《本草》曰：“味甘，溫，無毒。治小腹水脹，止渴除煩，消胸滿，解魚毒。性走而急，欲輕健，則食之；欲肥胖，則勿食。”二月下子即出，頻澆糞，一生花，則不可再澆，澆則所生瓜皆爛。五六月最盛。切片，和羹，可啖。唯入鰻鱺，味更相宜。

南瓜，紅皮如丹楓色。北瓜，青皮如碧苔色。形皆圓，稍扁，有棱，如甜瓜狀。種法：與冬瓜同時，其藤喜緣屋上。或一科而生百枚，則其家主大禍，故人種之者少。味亦庸劣，多食發暗疾。《食物本草》亦不載。

瓠　即葫蘆,扁蒲附①

瓠,即葫蘆。《詩經》曰:"幡幡瓠葉,采之烹之。"《月令》:"仲冬行秋令,則瓜瓠不成。"《莊子》:"魏王遺我大瓠之種。"注言:"護落,無所不容也。"昔齊惠王有五石之瓠。卞彬好飲酒,以瓠壺杭皮爲肴。②《委齋百卉志》曰:"匏,亦瓜也。一曰匏蔓。葉大盈尺,實青白色,大尺,圍長二尺許,有毛。"《本草》云:"瓠,味苦,寒,有毒。主面目四肢浮腫,下水,多食令人吐。葫蘆,味甘,平,無毒。主消水腫,益氣。"則瓠與葫蘆實有別。今吳中皆呼爲葫蘆,唯圓扁如石鼓者名盒盤葫蘆,上細下墜者名長柄葫蘆,上尖中細下圓如兩截者名摘頸葫蘆,又名藥葫蘆。各種俱大小不一。

種法:掘坑深五尺許,以麻油及爛草糞填底,令各一重。檢子十顆,種着糞上,待至蔓長,作架引之。揀取強者兩莖相貼,用麻纏合,各除一頭。莖既相着,如前再貼,如是數次,並爲一稞。結子之後,復揀留一大者。

別有界瓢法:研碎芥辣,以筆畫之,其處不長,儼如刻成,此細頸者用之。欲令柄曲,切開藤根,嵌巴豆肉一粒在內,兩三日後,其葉盡瘢,瓢亦柔軟,隨意挽結作巧,以綫縛定,取出巴豆,隨即蘇活,遂成結瓢,此長柄者用之。或將瓢子種傍雞冠,兩邊去皮,合繫一塊,待長,切斷瓢根,令托雞冠,結瓢紅色,謂之仙瓢。

圓扁者嫩,可作羹;或刻取其絲,隨圓旋轉,相續不斷,曬

---

① "即葫蘆",原脱,據目録補。
② "瓠壺杭皮爲肴",原作"壺瓠杭皮爲殽",據《南齊書·卞彬傳》改。

乾,和雞肉煮,更有風味。摘頸者不可食。

扁蒲,亦青白色,質似葫蘆,上蒂尖小,以下漸大,形多彎者。秋初收子。冬盡鋤地,澆糞,二月再鋤,打潭下種,每潭入子二三粒,即蓋薄土,以防雨淋。四月采,作羹,味不甚美。

蠶豆豌豆附

蠶豆,殼似蠶,故名。子青白色。早者清明開花,立夏子綻。晚者穀雨開花,芒種子綻。種出雲南傳來者。子扁厚,如手大指,味甘。小者比黃豆稍細,味亦淡。《本草》曰:"味温,氣微辛,主快胃,利五臟。"

種法:宜於八月終鋤地,九月初打潭下子。十二月土凍,用乾草薄蓋,立春撤去。將棵旁土鋤鬆,苗自長大,不須澆灌。采豆後,拔莖拌河泥,最肥麥地。高田俱可種。

青時采剝,淖熟,食甚佳。然須圃內生者爲鮮,街頭市賣,則經日越宿,食無味。候枯收子,曬乾,炒食,亦香。高阜處多枯,采以斗石,易價,即作豆種。

豌豆,莢酷似決明而子圓如菉豆。以小兒喜啖,又名孩豆。吳俗又呼蠶豆爲大豌,豌豆爲小豌。《本草》云:"味甘,平,無毒。主調順榮衛,和中益氣。"種法同蠶豆,采食亦同時。煮湯,甘鮮香美。

毛豆黃豆、紫羅豆、黑豆、菉豆、赤豆俱穀類,圃中難植,故不入史

毛豆,殼、子俱青,殼有毛,又名青豆。《本草》曰:"味甘,平,無毒。主殺鬼氣,止痛,逐水,除胃中熱,下瘀血,解藥毒。生食令人吐嘔。"

其種早晚不同,自四月至八月相續不絕,唯以子大而甘

爲佳。種，二月至四月皆可，鋤地下子，不澆灌自生長；但種
豆則地瘦，栽他物不茂。青采，和羹及入水燒熟，去殼啖，味
俱甘鮮。或剥子，加鹽水淖滾，撈起，鋪鐵篩内，下燃炭火炙
乾，名青豆，點茶或入果盒，俱佳。秋枯，收子作種。

豇豆

豇豆，細長如裙帶，又名裙帶豆。莢色有青赤二種，帶莢
食。種與扁豆同時，而生豆則早於扁豆。蔓不甚長，以籬竹
三莖搭架，引上即生。喜地鬆，頻澆糞。采淖點薑醋，或油
拌，或和雞肉羹，俱佳。秋枯收種，青莢者子黑，赤莢者子紅，
亦有黑者。煮爛，可作豆砂，爲籠炊餡。有和白米烝飯，亦香
可食。

刀豆

刀豆，莢扁長似刀，青色，子扁細。凡豆俱食子，唯豇豆
與刀豆連莢食，而刀豆味全在莢。種子，引蔓，生采，俱與豇
豆同時同法。摘取，醬食，味佳。[①]《本草》不載。或有用以
和羹，不如醬者。

扁豆

扁豆，蔓生，一名沿籬豆，又名羊眼豆。莢形扁而色青，
子有白、紫二種。早者六月開花結豆，晚者七月方生。白花
白豆，紫花紫豆。白者呼爲白扁豆，其質味香嫩，勝於紫豆。
《本草》曰："味甘，微温，無毒。主和中下氣，治霍亂、吐痢不

---

① "佳"上，原衍"味"字，逕删。

止，殺一切草木及酒毒。花主女子赤白帶下，乾末，米飲和服之。葉主霍亂、吐痢不止。"別有一種，五六莢聚生，狀如龍爪，名龍爪豆。殼色淡白，子則無異。

清明內鋤地，下子，出長三四寸，即以竹引蔓。再長，用竹木搭架，透風處多生。自出後至結子，無時可缺糞。如天暑久旱，宜先澆水濕地，然後澆糞。有黃葉，蔫之。

摘豆煮湯，湯與豆味皆香美，此夏秋圃中第一品也。蒸食，雖無湯，豆味尤佳。剝豆薰乾，或俟深秋枯采，炒食。或收貯至冬春，先以滾水炮去子，入糖霜水煮熟，點茶。俱極可口。

附　録

四庫全書總目提要·汝南圃史

　　《汝南圃史》，十二卷，浙江巡撫采進本，明周文華撰。文華，字含章，蘇州人。前有萬曆庚申陳元素序，稱之曰光禄君，不知爲光禄何官也。文華自序稱，因見《允齋花史》，嫌其未備，補茸是書。凡分月令、栽種、花果、木果、水果、木本花、條刺花、草本花、竹木、草、蔬菜、瓜豆十二門，皆叙述栽種之法，間以詩詞。大抵就江南所有言之，故河北蘋婆、嶺表荔支之屬亦不著録。較他書剿劂陳言、侈陳珍怪者較爲切實。惟分部多有未確，如西瓜不入瓜豆而入水果，枸杞不入條刺而入蔬菜，皆非其類。

西諦書話·汝南圃史

鄭振鐸

　　上海的舊書店在清理底貨。我聽説修文堂清出此書來，亟向之購取，則已爲北京來薰閣所得。回京後，乃向來薰閣取得。在論園藝的書裏，這是一部比較詳明的好書。凡十二卷，從月令、栽種十二法、花果部、木果部、水果部、木本花部、條刺花部、草本花部、竹木部、草部，到蔬菜部、瓜豆部，條理甚爲明悉，栽種的技術也叙述得頗詳細。序目均作《致富全書》，顯係後來挖改。蓋後人以種植花果足以致富，乃爲易此名。首有萬曆庚申（公元一六二〇年）陳元素序，又有王元懋序及自序。他自云得顧長佩手訂《花史》十卷，乃周允齋所輯，"稍恨其詮集未該"，遂以耳目睹記加以增補。周允齋的《花史》，書中引作《允齋花譜》，今未見。但這部《圃史》卻是後來居上的。他的確增加了不少自己的經驗進去。有許多的種植方法和經驗，是今天還應該加以重視的。周文華，字含章，吳郡人。吳郡的花農現在還馳名遐邇，的確是積累了豐厚的傳統的優良經驗的。在搞農業副産方面，象這一類的書是極有用的，還應該多搜集，多流傳，多加以試驗，並於試驗後，多加以推廣才是。